Wedding Hairstyles

新娘

经典发型
设计实战

小凡 爱尚文化 编著

人民邮电出版社

北京

图书在版编目（CIP）数据

新娘经典发型设计实战 / 小凡编著. -- 北京 ：人
民邮电出版社，2014. 7（2014. 12重印）
ISBN 978-7-115-35285-9

Ⅰ．①新… Ⅱ．①小… Ⅲ．①女性－发型－设计
Ⅳ．①TS974. 21

中国版本图书馆CIP数据核字(2014)第091000号

内 容 提 要

这是一本讲解新娘造型设计的实用教程，全书共收集了96个经典案例，分别是25个韩式新娘造型、25个欧式新娘造型、14个编发新娘造型、9个复古新娘造型、5个田园新娘造型和18个鲜花新娘造型。本书将每款发型通过图例与步骤说明相对应的形式进行讲解，分析详尽，所介绍的发型风格独特、新颖。本书力求对新娘发型进行全方位的展示，并在每个案例中针对所用手法、造型重点和风格特征进行说明，使读者能更加全面地掌握造型方法并熟练运用。

本书适合造型培训机构的学员和影楼化妆造型师、新娘跟妆师使用，也可以作为广大新娘的参考资料。

◆ 编 著 小 凡 爱尚文化
责任编辑 赵 迟
责任印制 程彦红
◆ 人民邮电出版社出版发行 北京市丰台区成寿寺路 11 号
邮编 100164 电子邮件 315@ptpress.com.cn
网址 http://www.ptpress.com.cn
北京盛通印刷股份有限公司印刷
◆ 开本：889×1194 1/16
印张：14.5
字数：539 千字 2014 年 7 月第 1 版
印数：3 501 – 4 700 册 2014 年 12 月北京第 2 次印刷

定价：98.00 元
读者服务热线：(010)81055410 印装质量热线：(010)81055316
反盗版热线：(010)81055315
广告经营许可证：京崇工商广字第 0021 号

前言

化妆造型是一门艺术，更是一门多元的学科，它综合了色彩、绘画、雕塑、医学、美学等要素，因此，对于从事化妆造型行业的人来讲，综合素质十分重要。化妆造型的技艺是没有止境的，随着社会的不断发展，普通大众的审美能力也越来越强，化妆师唯有不断提高自己的艺术修养和专业技能才能跟得上潮流。同时，化妆师还要善于学习，多观摩国内外同行优秀的作品，加强与同行的交流，并在实践中不断提高自己的技艺。要学会在人的自然相貌和整体形象的基础上，运用取长补短表现的手法弥补其缺陷，放大其优点，增添真实自然的美感。只有这样，才能打造出不同风格的艺术形象。

每个新娘都希望自己美丽动人、与众不同，这就需要造型师从整体出发，注重每一个细节，包括妆面、发型、服饰、色彩和饰品等。正是本着这样的出发点，笔者编写了本书。本书共包含96个新娘造型设计案例，按风格分为韩式新娘造型、欧式新娘造型、编发新娘造型、复古新娘造型、田园新娘造型和鲜花新娘造型。希望读者在阅读本书后能有所收获。

本书能够顺利出版，凝聚了众多人的心血和付出，在此一并致谢。尤其要感谢小唯文化有限公司为本书提供的模特。

小凡

2014年2月14日

艺弥国际化妆摄影造型艺术培训学校

学校简介：杭州艺弥国际化妆摄影造型艺术培训学校从2009年开始面向全国招生。该校办学经验丰富，师资一流，信誉度较高，设施完善。其化妆专业是我国最早开展化妆师中、高级职业资格等级取证培训单位之一，是文化部首批艺术形象设计特许培训（考试）定点机构。在校学员可考取化妆师国家职业资格中高级证书和文化部形象设计艺术水平等级证书。学校的化妆专业已培训中高级职业化妆师上万名，2012年荣获"中国最具影响力艺术培训学校"称号，以及中国创意关注度指数榜最受关注培训机构。学校坐落在美丽的杭州湘湖湖畔，自建校以来，艺弥培训机构秉承为化妆造型行业培养实力型优秀专业人才的理念，竭诚为广大学子服务，制定与国际同步的最新阶梯艺术教育模式，为社会输送了大批技艺精湛且活跃在化妆造型业内最前沿的先锋人物。此外，学校还担任着国内外一些大企业的形象顾问及员工形象设计的培训工作。学校的专业设置分为"生活类"、"摄影类"、"表演类"三大类别，兼顾商业、艺术、生活等领域，目前设有"影视人物造型与化装"、"实用时尚化妆"、"时尚化妆高级研修"、"时尚影楼化妆"、"现代形象设计"、"高级化妆师职业资格考前辅导"等课程。

联系方式：小凡老师 15258875891 / 安娜老师 13757148098

学校官网：www.hzygpx.cn

学校地址：杭州萧山市心北路大成名座3幢2单元13楼

艺弥化妆造型总监小凡简介

姓名：孔伟

艺名：小凡

职业：化妆造型师

经历：2004年进入化妆界，2006年在北京电影学院进修化妆造型。在时尚造型行业有多年经验，工作涉及影视、广告、时装、教育等多个领域。合作艺人有秦海璐、袁成杰、周海媚、刘惜君、孙悦、刘恺威、张亚东、倪虹洁、姚晨、刘力扬、孙菲菲等。曾担任2006年新浪网摄影模特大赛化妆造型师、2006年彩妆色彩创意大赛造型指导、2009年世界亚裔小姐大赛（华东区决赛）化妆造型师、2011年兰蔻彩妆发布会首席化妆指导；2013年参加了多部影视剧、舞台剧、MTV摄制、广告制作、模特表演、电视栏目和歌舞晚会的化妆造型工作。

目录 | CONTENTS

策划/编辑

策划编辑 佘战文   版面设计 魏 琴

校对编辑 游 翔   美术编辑 李梅霞

158

160

162

164

166

168

170

172

174

180

182

184

186

188

194

196

198

200

202

204

206

208

210

212

214

216

218

220

222

224

226

228

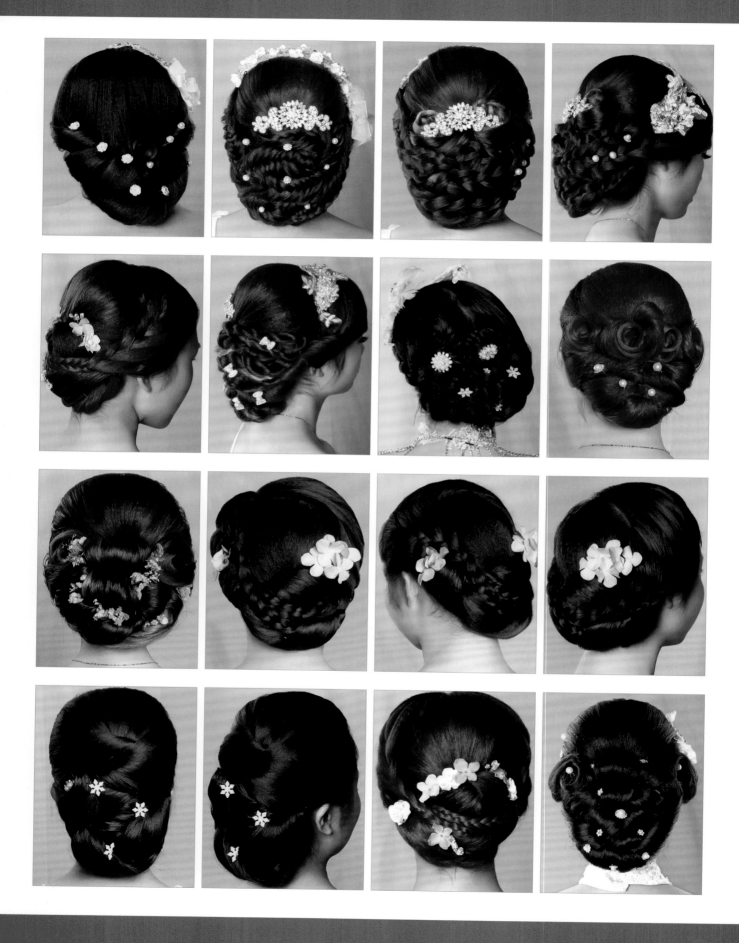

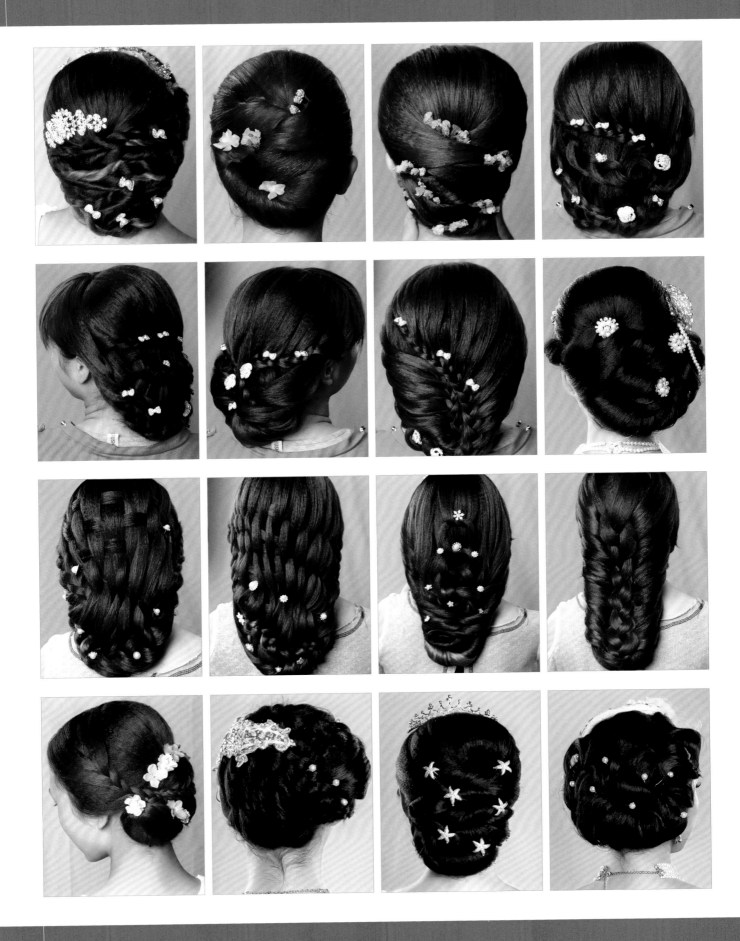

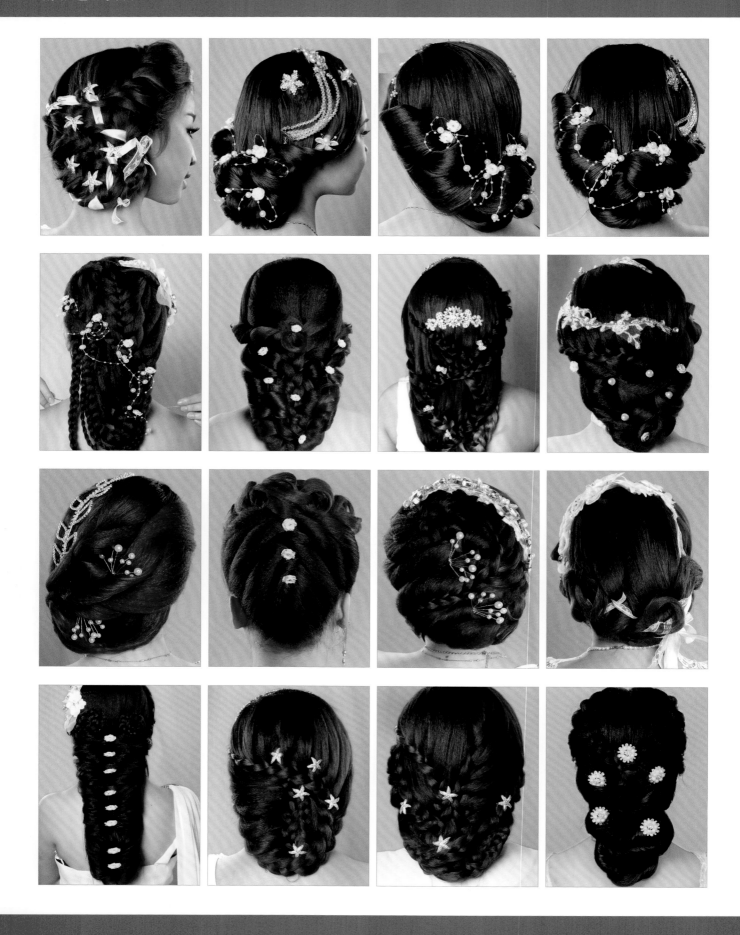

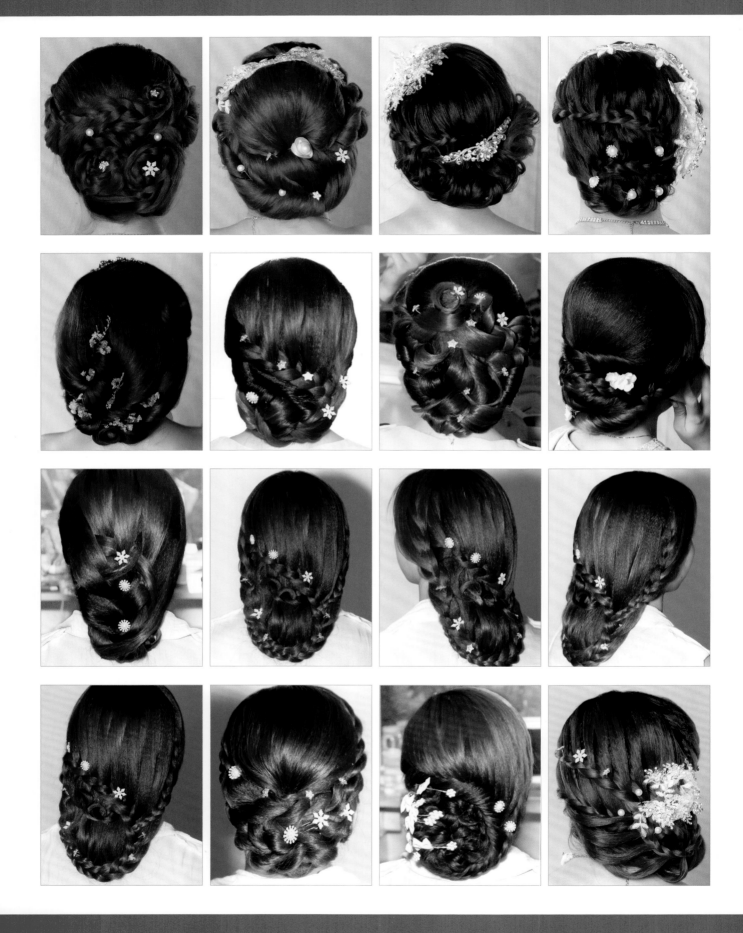

韩式简约新娘盘发温婉甜美；韩式长发造型空气感十足；
韩式露额造型典雅大方、优雅高贵。

第1章│韩式新娘造型设计

STEP 01 将顶区的头发分成两束，然后将左侧的发束向右旋转，将右侧的发束向左旋转后交叉打结，并用橡皮筋固定。

STEP 02 将左侧的刘海编成三股辫待用，然后从左侧耳后的位置取一个发片，以内扣的方式固定在后脑勺的位置。

STEP 03 将发辫向右侧固定，然后从左侧再取一个发片，也用内扣的手法固定在右侧耳后的位置。

STEP 04 将右侧剩余的头发以同样的手法收起，然后向左侧固定。

STEP 05 将右侧的刘海编成三股辫，然后与左侧的三股辫交叉固定在一起。

STEP 06 佩戴饰品，完成。

所用手法
①编三股辫　②内扣

造型重点
此款造型是典型的韩式简易盘发。注重简单、干净、自然，因此头发纹理必须完全梳理顺畅，顶区头发略微蓬松，凸显自然效果。

风格特征
简单自然的刘海，耳旁随意留出的碎发，正如闺中待嫁的小女孩，不经任何刻意的修饰，真正符合了韩式新娘简洁随意的造型特点。

STEP 01　将头发分为前后两个区，然后在分区线位置戴上珍珠发卡固定头发，接着在右侧耳后取一个发片，拧成两股辫，固定在后脑勺处。

STEP 02　从左侧耳后取一个发片，拧成两股辫，然后固定在后脑勺处。

STEP 03　在左、右两侧分别取发片，以内扣的方式固定在后脑勺处。

STEP 04　继续从右侧耳后取发片，固定在后脑勺处。

STEP 05　继续从左侧耳后取发片，固定在后脑勺处。

STEP 06　将剩余的头发向内卷，收尾并下卡子固定。

所用手法	风格特征
①编两股辫　②内扣	温婉的盘发将女性最温柔的一面体现得淋漓尽致。干净利索的斜分刘海，搭配上简单的蕾丝头饰，低调却充满女性的智慧。
造型重点	
看似简单的内扣手法，实际操作起来并不容易。左、右两侧区的发片必须均匀，固定时左、右两侧必须对称，收尾要注意造型的圆润。	

STEP 01 将所有头发烫卷，然后从左侧耳后取发片，以内扣的方式固定。

STEP 02 从右侧耳后取发片，以同样的手法固定在后脑勺处，注意衔接的位置。

STEP 03 将剩余的头发梳理出纹理。

STEP 04 以内扣的方式将剩余的头发固定成倒水滴状。

STEP 05 将左侧鬓发区的头发向后翻卷，整理出纹理和层次。

STEP 06 将右侧鬓发区的头发以同样的方式固定，纹理和层次一定要清晰。

STEP 07 选择一款唯美风格的饰品佩戴，使造型更具韩式味道。

所用手法	风格特征
①卷发 ②内扣 ③撕花	自然随意的的刘海，后区低垂的盘发，使造型充斥着女性不可抗拒的魅力。整个发型以自然为主，发丝走向随意却不失规律性。
造型重点	
烫发时注意左右两侧的发量要均匀，卷发时应从两边往中间翻卷。中心点要确定好，避免发型方向跑偏。	

所用手法
①卷发　②内扣

造型重点
内扣要有层次，发尾向右收尾，左右收尾结合的弧度要圆润饱满。

风格特征
生活化的场景、温馨的氛围、幸福感的流露是婚纱照摄影师关注的焦点，也是韩式婚纱照风格的主要特色。

STEP 01　将头发梳理光滑，然后用电卷棒将头发全部烫卷。

STEP 02　整理好发卷的纹理。

STEP 03　将左侧耳后的头发以内扣的方式固定。

STEP 04　继续将左侧其余的头发都以内扣的方式收至后脑勺处并固定。

STEP 05　采用同样的手法将右侧的头发也固定在后脑勺处。

STEP 06　将头发尾部全部用卡子固定在右侧耳下方的位置。

STEP 07　将碎发全部处理干净。

STEP 08　将刘海区的头发向后翻卷，然后下卡子固定。

STEP 09　选择水晶饰品点缀发型，完成。

所用手法
①拧包　②内扣　③卷发

造型重点
发包要圆润，发尾按照卷发的弧度与走向做成玫瑰卷，并且摆放要有层次。剩余的发尾用内扣的手法收起来，高度不能超过发包。

风格特征
拧发是韩式造型常用的手法之一，玫瑰卷造型更是将甜蜜和幸福进行了充分的展示，整体造型优美、时尚。

STEP 01　将顶区的头发打毛，做成发包，然后拧转到右侧耳后的位置固定。

STEP 02　从左侧耳后取一个发片，然后以内扣的方式固定在后脑勺处。

STEP 03　采用同样的手法继续取发片固定。

STEP 04　将后颈部的头发以同样的手法全部固定到右侧。

STEP 05　将固定到右侧头发的发尾也以内扣的方式收尾，用卡子固定在右侧耳下方。

STEP 06　将颈部头发的发尾全部收起并固定。

STEP 07　在右侧刘海区取一个小的发片并烫卷，然后固定出玫瑰卷的形状。

STEP 08　采用同样的手法再分别取几个发片，做成玫瑰卷的形状。

STEP 09　将刘海区剩余的头发分成两个大的发片，然后用电卷棒烫卷。

STEP 10　将两个大的发片分别摆成玫瑰卷，并注意刘海区头发的造型。

STEP 11　将左侧鬓发区的头发烫卷。

STEP 12　将烫卷后的头发拉到耳后方，做成玫瑰卷。

STEP 13　在玫瑰卷中点缀珍珠饰品，完成造型。

所用手法
①编三股辫 ②内翻卷
③拧包 ④卷发

造型重点
发包要圆润，发丝用电卷棒烫卷后，按照弧度与走向固定在中间的辫子上，注意保持卷发原有的流畅感。

风格特征
这款造型精致、优雅，将韩式新娘发型典雅、含蓄的美感一展无余。

STEP 01 将顶区头发的根部打毛，然后将表面梳理光滑，接着以三股辫的手法开始编发。
STEP 02 将头发一直编至发尾，收起备用。
STEP 03 将左侧鬓发区的头发向内卷，发尾摆出玫瑰卷状，然后固定在顶区发辫处。
STEP 04 在左侧耳后取一片头发，固定在发辫上。
STEP 05 将右侧的头发以同样的手法固定。
STEP 06 将左侧的头发分成发片，然后摆出纹理。
STEP 07 将右侧的头发烫卷。
STEP 08 将卷好的头发摆出纹理，然后用卡子固定。
STEP 09 将发尾的头发烫卷，注意弧度往上走。
STEP 10 将尾部头发向上翻，然后下卡子固定。
STEP 11 佩戴饰品，完成。

STEP 01 将头发梳理整齐，分成发片，然后分别用电卷棒烫卷。

STEP 02 将左侧鬓发区的头发顺着卷发的纹理固定在后颈部的位置。

STEP 03 将左侧后脑勺位置的头发顺着卷发的纹理固定在枕骨区的位置。

STEP 04 将右侧后脑勺位置的头发顺着卷发的纹理固定到左侧颈部的位置。

STEP 05 将右侧剩余的头发以同样的手法全部向左侧固定。

STEP 06 将右侧刘海区的头发向后翻卷，摆出花纹，然后用卡子固定。

STEP 07 佩戴饰品，完成。

所用手法	风格特征
①卷发　②内扣　③拧发	韩式新娘造型是众多新娘喜爱的发型之一，其特点是自然、简洁、清新。
造型重点	
要注意整体造型的层次感，收尾时要保持整个发型的圆润与饱满。	

STEP 01 用夹板将头发夹成玉米穗，使头发更加蓬松，然后用尖尾梳将头发全部梳理光滑。

STEP 02 从左侧鬓发区开始，以三股单加的手法进行编发。

STEP 03 编至右侧耳后方的时候转换成双加的方式，让发辫转弯。

STEP 04 将发辫编至左侧耳下方的时候以同样的方式转弯，然后将所有的头发全部编到发辫中，并用卡子固定好。

STEP 05 选择小的珍珠饰品点缀在发辫上。

所用手法	风格特征
①烫玉米穗 ②编三股单加辫	自然、简洁、清新是韩式新娘发型的特点，既简单又纹理清晰的三股编发使这些特点最好地体现出来，同时三股编发简单易学，容易上手，最适合初学者。

造型重点
做这款造型要特别注意编发的层次，第一层编发要让顶区饱满，转弯连接要有弧度，到收尾的时候要保持发型的圆润。

所用手法
①编瀑布辫 ②编三股单加辫

造型重点
编两股单加瀑布辫的手法是这款造型的重点，可以勤加练习。

风格特征
时尚、新颖的编发与精心挑选的饰品将韩式新娘的韵味进行了完美的呈现。

STEP 01 将头发全部向后梳理光滑，然后从左边鬓发区开始采用两股单加瀑布辫的手法编发。

STEP 02 上下压发，尾部留出。

STEP 03 编至右侧耳后方收尾，用橡皮筋固定。

STEP 04 将发辫的尾部藏到后脑勺的位置，然后用卡子固定。

STEP 05 采用三股单加的手法从左侧耳后的位置编一条斜向的三股单加辫。

STEP 06 将三股单加辫收在相同的位置，然后用卡子固定。

STEP 07 将剩余的头发全部编起来，用橡皮筋固定。

STEP 08 将编好的发辫以同样的方式收尾即可。

STEP 09 检查细节，佩戴饰品，完成。

STEP 01 将头发夹蓬松，然后梳理光滑，接着采用三股单加的手法从左侧鬓发区开始编发，一直编至右侧耳后的位置。

STEP 02 采用三股双加的手法，将刘海区的头发编至右侧耳后的位置。

STEP 03 将右侧耳后与刘海区的头发以三股单加的手法编至发尾，然后用橡皮筋固定。

STEP 04 将左侧耳后方的头发也采用三股单加的手法编好。

STEP 05 将编好的发辫交叉固定好即可。

STEP 06 佩戴饰品，点缀发型。

所用手法	风格特征
①编三股单加辫　②编三股双加辫	干净整洁的编发是韩式风格的最好展现，搭配的珍珠饰品也恰到好处，将女性婉约、娴静的气质做了最好的体现。
造型重点	
在收尾的时候要保持发型的圆润与饱满，同时饰品佩戴的位置要适当。	

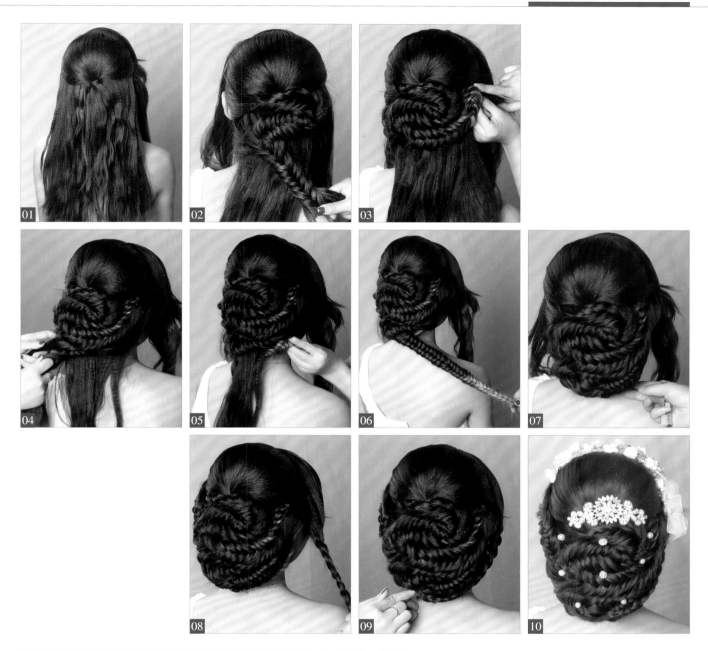

所用手法
①拧包　②编两股双加辫
③编三股单加辫

造型重点
韩式发包在两耳尖连接线的中间固定。采用两股双加的手法编成的鱼骨辫能体现出发型的唯美感，需要注意的是，在收尾的时候要保持发型的圆润与饱满。

风格特征
干净整洁的发包与清晰的鱼骨辫纹理正好完美地融合在一起，尽显韩式风格特征。

STEP 01 将顶区的头发打毛，做成一个发包。

STEP 02 从发包下方开始以两股双加的手法编发。

STEP 03 将编好的发辫整理好造型，然后用卡子固定。

STEP 04 采用两股双加的手法从右侧耳朵位置开始编发。

STEP 05 将编好的发辫固定在右侧耳后下方的位置。

STEP 06 采用同样的手法将剩余的头发编好，然后用橡皮筋固定。

STEP 07 将编好的发辫盘绕并固定在后脑勺的位置。

STEP 08 采用三股单加的手法，将刘海区的头发编至发尾，然后用卡子固定在颈部。

STEP 09 采用同样的手法将左侧鬓发区的头发编辫，然后用卡子固定在颈部。

STEP 10 佩戴饰品，点缀发型。

所用手法
①内扣　②拧包　③卷发

造型重点

多次使用拧发手法能体现出发型的唯美感，内扣刘海发尾的玫瑰卷是根据卷发的走向做成的，固定的时候要用暗卡。

风格特征

根据卷发的卷度和走向做成的玫瑰卷不失流畅感与唯美度，再加上高贵的皇冠饰品，整个造型充满了高贵、时尚的气息。

STEP 01　将头发梳理光滑，然后进行分区。

STEP 02　将顶区的头发打毛，然后从左侧区取出一个发片，以内扣的方式固定在枕骨区。

STEP 03　将固定好的头发向上推高一点，使其蓬松。

STEP 04　从右侧区取一个发片，以同样的方式固定。

STEP 05　从左侧耳下方的位置再取一个发片，以同样的方式固定。

STEP 06　从右侧耳下方的位置再取一片头发，以同样的方式固定。

STEP 07　将右侧颈部的头发以同样的方式向左侧耳后固定，注意每个发片的衔接和位置。

STEP 08　将左侧颈部的头发以同样的方式全部收起。

STEP 09　将左侧鬓发区的头发以拧发的方式固定在发包处。

STEP 10　将刘海区的头发烫卷，分成两个发片，然后将左侧的发片顺着卷发的弧度在额头的位置固定。

STEP 11　将刘海区右侧的发片以同样的方式固定好。

STEP 12　检查头发的纹理和层次，然后佩戴饰品，点缀发型。

STEP 01 将头发分为前、后两个区，然后将刘海区的头发中分，接着将后区的头发打毛。

STEP 02 在顶区做一个韩式发包。

STEP 03 用电卷棒将发包固定后剩余的头发烫卷。

STEP 04 将头发烫卷后收起，接着用电卷棒将枕骨区的头发也烫卷。

STEP 05 将烫卷后的头发按照纹理摆放好。

STEP 06 将左侧刘海区的头发全部梳理整齐，然后固定在发包的位置。

STEP 07 将右侧刘海区的头发以同样的方法固定好。

STEP 08 调整细节，佩戴饰品，完成。

所用手法	风格特征
①拧包　②卷发	这款造型清新可爱而不失韩式新娘的端庄优雅。卷发最能体现韩式新娘造型的唯美感。
造型重点	
卷发的弧度要向后走，应根据走向有层次地向后脑勺集中固定。	

STEP 01 将头发梳理光滑，然后将后区的头发以瀑布辫的手法编起。

STEP 02 将后区头发的尾部以三股单加的手法编至发尾处固定。

STEP 03 将编好的头发固定在右侧耳后方的位置。

STEP 04 将左侧刘海区的头发编成三股辫，发尾用橡皮筋固定。

STEP 05 将左侧刘海区的发辫与后区的发辫用卡子固定在一起。

STEP 06 将右侧刘海区的头发以三股双加的方式编至发尾，然后与后区的发辫固定在一起。

STEP 07 在发辫上面戴上小的珍珠饰品，点缀发型。

所用手法
①编瀑布辫　②编三股单加辫
③编三股辫　④编三股双加辫

造型重点
做这款造型必须分配好编发的层次，发辫与发辫的衔接要自然、协调，从而体现出发型的唯美感。

风格特征
编发的最大特点就是干净、整洁、纹理清晰，这款发型将这些特点进行了最好的表现，在发辫上点缀的饰品更是加强了层次感和轮廓感。

STEP 01 将所有的头发向后梳理光滑，然后将刘海区的头发向后编三股辫。

STEP 02 将右侧鬓发区的头发也编起来，一直编至发尾。

STEP 03 将左侧鬓发区的头发也以同样的方式进行编发。

STEP 04 将后脑勺位置的头发全部收起，加进编发中。

STEP 05 在发辫中拉出发丝，做成撕花造型。

STEP 06 将两条发辫合在一起，并用橡皮筋固定。

STEP 07 将发辫的尾部向上收起隐藏，然后调整好形状，接着佩戴饰品，完成。

所用手法	风格特征
①编三股辫　②撕花	这款造型将简单与复杂做了一个鲜明的对比，整体造型将韩式造型自然、简洁、清新的特点进行了充分的展示。
造型重点	
两条三股辫的拼凑能给人一种唯美感，但是如果两条发辫的收尾与衔接不到位，整个造型也会前功尽弃。	

STEP 01 将头发分成前、后两个发区，然后将刘海中分，接着将左侧刘海区的头发以内扣的手法收起并固定。

STEP 02 将左侧耳后方的头发分发片，然后以内扣的方式固定。

STEP 03 将左侧的头发全部分发片，以内扣的方式固定，然后在枕骨区分出几个小的发片，将发尾卷成玫瑰花状并固定。

STEP 04 将左侧颈部的头发以内扣的方式固定。

STEP 05 将颈部剩余的头发以同样的方式固定。

STEP 06 将发尾向上收起，然后调整造型的纹理和层次，接着用饰品点缀发型。

所用手法	风格特征
①卷发 ②内扣	韩式新娘造型是众多新娘喜爱的发型之一，偏向的收尾能体现出韩式新娘发型的生动感与时尚感。
造型重点	
根据卷发的弧度做出有层次感的内扣卷，并慢慢地向一侧收尾，顺着卷发的弧度将发尾做成玫瑰卷。	

所用手法
①编三股双加辫 ②编三股单加
③编三股辫 ④拧发

造型重点
这款造型运用的手法比较多，相
互之间的衔接一定要自然流畅，
造型一定要饱满。

风格特征
这款韩式造型虽然手法多样，但
是整体依然给人简洁、清晰的感
觉，饰品的搭配也起到了很好的
衬托作用。

STEP 01 将头发梳顺并分区，然后将刘海区的头发以三股双加的手法编至耳下方的位置并固定。

STEP 02 采用三股单加的手法，从左侧鬓发区开始经过枕骨区编至右侧耳后的位置。

STEP 03 发尾采用三股辫的手法编完，然后用橡皮筋固定，收起备用。

STEP 04 将编好的发辫收起，固定在右侧耳上方。

STEP 05 将刘海区剩余的头发摆出花纹。

STEP 06 将右侧耳下方的头发以拧发的手法收起，固定在顶区。

STEP 07 再取一个发片，以同样的方式固定。

STEP 08 采用同样的方式，依次从左侧取发片固定。

STEP 09 将头发尾部收起。

STEP 10 将最后一个发片以同样的手法收起，然后下卡子固定。

STEP 11 整理好纹理和层次，使发型更加饱满。

STEP 12 将饰品点缀在纹理之间，完成！

所用手法
①拧包 ②内扣 ③外翻卷

造型重点
注意发包的位置要确定要好，发包要饱满，并且卷发造型的高度不能高于发包。

风格特征
经典的韩式发包配合有层次感的内扣卷，体现出韩式新娘发型的另一种美感。

STEP 01 将头发梳理光滑，然后分出刘海区，接着将刘海区的头发中分，最后在顶区做出发包。

STEP 02 从左侧耳后取一个发片，然后用卡子固定在发包位置。

STEP 03 将发片的尾部沿顺时针的方向做成发卷并固定。

STEP 04 采用同样的手法继续在后区取发片固定。

STEP 05 将颈部位置的头发以内扣的方式收起。

STEP 06 采用同样的手法收起剩余的头发。

STEP 07 将所有剩余头发的发尾固定在右侧耳上方的位置。

STEP 08 将尾部的头发打圈，做出玫瑰花的形状，使造型更加优美。

STEP 09 将左侧刘海区的头发外翻，将发尾固定在发包下面。

STEP 10 将右侧刘海区的头发固定在耳上面的位置。

STEP 11 选择一款珍珠饰品，戴在前、后分区线的位置。

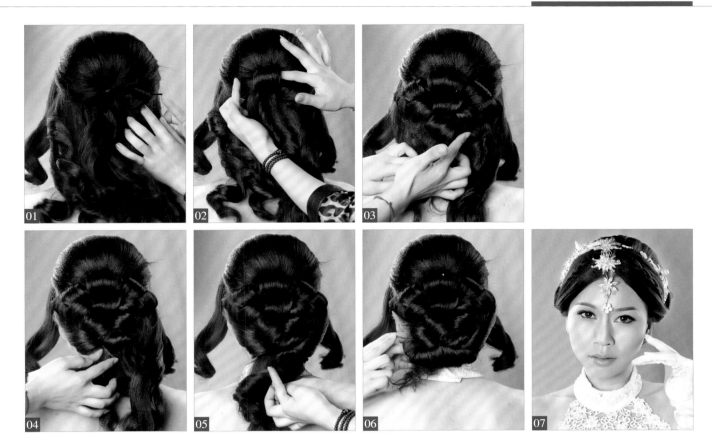

STEP 01 先在顶区做一个韩式发包。

STEP 02 在后脑勺中间的位置取一个发片，以内扣的方式固定。

STEP 03 以中间固定的发片为准，然后分别从左、右两侧和下方取发片，以内扣的方式固定。

STEP 04 将左侧耳后的头发以内扣的方式固定。

STEP 05 将右侧耳后的头发以内扣的方式固定。

STEP 06 将剩余的发尾以同样的手法收起，然后用卡子固定在左侧的位置。

STEP 07 将左、右两侧刘海区的头发以外翻的方式收起，然后选择一款水晶饰品点缀发型。

所用手法	风格特征
①拧包　②内扣　③外翻	精致对称的刘海设计是当下韩式造型最流行的手法之一，同时后区的卷发造型更是将韩式造型的唯美风推向极致。
造型重点	
在做这款造型时要保证纹理清晰，层次分明，碎发要处理干净。	

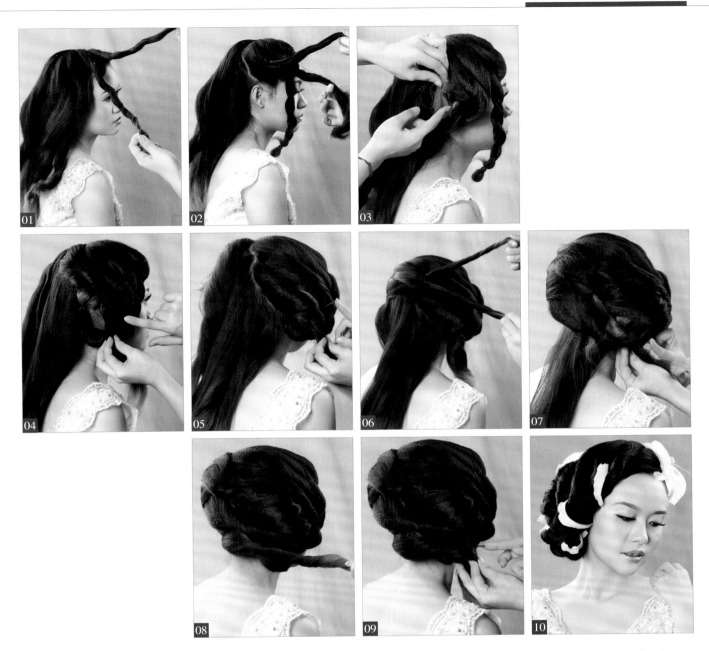

所用手法
①烫玉米穗　②编两股辫
③拧发

造型重点
玉米穗能让拧发更加干净，发型
更加饱满。整个发型应做成统一
有层次感的偏向走势。

风格特征
拧发的拼接能让简单的韩式新娘
造型产生一种复杂化的感觉，偏
向的走势更能体现出韩式新娘发
型的唯美度与时尚感。

STEP 01 将头发全部向后梳理光滑，然后将刘海区的头发分成两个发片，拧成两股辫并固定。

STEP 02 再分出两个发片拧好。

STEP 03 将拧好的发辫先收好，固定在右侧耳上方。

STEP 04 将刘海区的发辫也固定在右侧耳上方的位置，然后继续从顶区取发片拧转，也固定在耳上方的位置。

STEP 05 继续从右侧枕骨区取发片拧转，然后用卡子固定在耳后的位置。

STEP 06 将左侧鬓发区的头发分成两个发片拧好，然后用卡子固定好。

STEP 07 将左侧耳后的头发以同样的方式拧好，然后用卡子固定在右侧耳下方的位置。

STEP 08 将颈部的头发以同样的方式拧好。

STEP 09 将拧好的头发用卡子固定好。

STEP 10 将百合花的花瓣点缀在发型中，使其更加典雅。

STEP 01 将头发向后梳理光滑，然后采用三股双加的手法将左侧鬓发区和顶区的头发编好。

STEP 02 将编好的发辫用橡皮筋固定。

STEP 03 将左侧耳后的头发以三股单加的手法进行编发，然后用橡皮筋固定。

STEP 04 将右侧耳后的头发以三股单加的手法进行编发，然后用橡皮筋固定。

STEP 05 将编好的三条发辫合在一起。

STEP 06 将刘海区的头发以三股双加的手法进行编发，编至耳下方时将剩余的头发全部加到发辫中。

STEP 07 将所有的发辫全部向上收起，注意发辫的走向和相互之间的衔接。

STEP 08 佩戴饰品，完成。

所用手法	风格特征
①编三股双加辫　②编三股单加辫	韩式新娘发型一直是很多新娘关注的焦点，新娘作为婚礼上最重要的角色之一，发型一定要有立体感，并显得清新宜人。
造型重点	
在做这款造型时，分区要准确，发辫的走向要控制好，造型要饱满。	

所用手法
①编三股单加辫
②编三股双加辫
③编三股辫 ④撕花

造型重点
编发是这款造型的重点，在编发的时候，要注意手法的转换、发辫的衔接和固定位置。

风格特征
韩式风格的编发造型与精致的水晶饰品完美地融合在一起，将新娘最美的一面呈现给最爱她的人。

STEP 01 将头发全部向后梳理光滑，然后三七分开，接着从左侧鬓发区开始以三股单加的手法进行编发。

STEP 02 编至右侧耳上方时转换成三股双加的手法编发，使发辫转弯。

STEP 03 转弯以后继续以三股单加的手法进行编发。

STEP 04 发尾采用三股辫的手法编完，然后用橡皮筋固定。

STEP 05 从后脑勺上方开始以三股单加的方式进行编发，将左侧的头发全部加到发辫中。

STEP 06 发尾采用三股辫的手法编完，然后用橡皮筋固定。

STEP 07 将编好的发辫收起，隐藏发尾。

STEP 08 将之前的发辫也固定好，不饱满的地方采用拉丝的方法处理。

STEP 09 将刘海区头发顺着纹理收起。

STEP 10 再次检查，调整细节，然后佩戴饰品，完成。

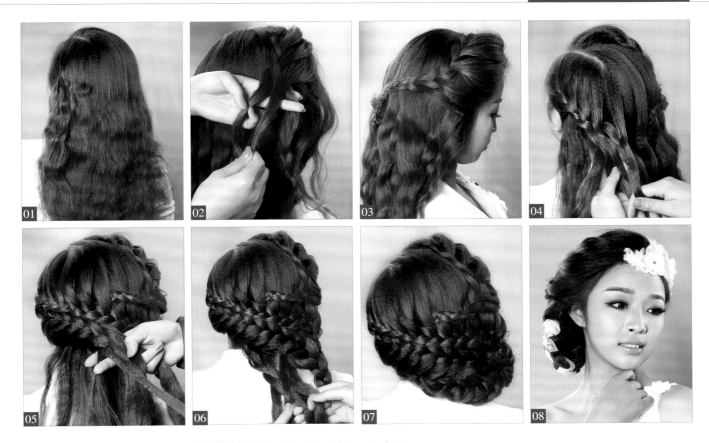

STEP 01 将头发梳理干净，然后三七分开。

STEP 02 从刘海区开始以三股单加的手法进行编发。

STEP 03 将编好的发辫固定在顶区的位置。

STEP 04 从左边鬓发区开始以三股双加的手法进行编发，经过枕骨区编到右侧耳后的位置。

STEP 05 采用同样的手法将左侧耳后的头发编完。

STEP 06 将剩余的头发以同样的手法编完。

STEP 07 将发辫全部收起，隐藏在右侧耳后的位置。

STEP 08 在分区线的位置和发辫上戴上饰品，点缀发型。

所用手法	风格特征
①编三股单加辫　②编三股双加辫	这是一款韩式风格的编发造型，由各种编发组成，既不单调又显得高贵、时尚。
造型重点	
在做这款造型时要注意发辫的走向，在最后收尾的时候要将发辫隐藏起来。	

所用手法
①编三股辫　②内扣
③编三股单加辫

造型重点
这款造型的纹理一定要清晰，碎发
要整理干净，饰品佩戴的位置也要
特别注意。

风格特征
这是一款典型的韩式造型，给人简
洁、自然、清新的感觉。饰品的选
择也恰到好处，将女性的柔美尽情
地展现了出来。

STEP 01　将头发梳理干净，然后分成前、后两个区，接着将刘海区的头发中分。

STEP 02　分出顶区的头发。

STEP 03　将顶区的头发分成三股，编一个大的三股辫，并以蝎尾辫的手法收起。

STEP 04　在右侧耳后取一个发片，然后以内扣的方式固定在发辫的边上。

STEP 05　将右侧耳下方的头发以同样的手法收起固定。

STEP 06　将发辫下方的头发以同样的手法收起固定。

STEP 07　在左侧耳后取一个发片，以同样的手法收起固定。

STEP 08　将左侧耳下方的头发以同样的手法收起固定。

STEP 09　将剩余的头发以同样的手法收起固定。

STEP 10　将右侧刘海区的头发以三股单加的手法编辫，然后用卡子固定在耳后的位置。

STEP 11　将左侧刘海区的头发以同样的手法收起固定，然后佩戴饰品。

所用手法
①编三股单加辫 ②内翻卷 ③拧发

造型重点
此款造型中，卷发的弧度尤为重要，编发不宜拉得太紧。

风格特征
这是一款倒韩式倒水滴状发型，以编发代替韩式发包，既简单又容易变换发型，在新娘当天造型中非常实用。

STEP 01 将头发梳理整齐并分出刘海区，然后采用三股单加的手法从左侧耳朵后开始编发。

STEP 02 将顶区的头发全部加到发辫中，用橡皮筋固定。

STEP 03 从左侧刘海区开始用电卷棒将头发做成内翻卷。

STEP 04 采用同样的手法依次将后面的头发全部烫卷。

STEP 05 顺着卷发的纹理将头发拧起。

STEP 06 以隐形的方式下十字卡，将头发固定好。

STEP 07 将之前的发辫与卷发固定在一起。

STEP 08 采用三股单加的手法将右侧的刘海编成发辫，然后用卡子固定在耳后。

STEP 09 戴上皇冠和珍珠饰品，完成。

无论是欧式宫廷造型的优雅高贵，还是欧式田园造型的风情浪漫，抑或是欧式复古造型的婉约典雅，都让人印象深刻。欧式风格的总体感觉就是高端、大气、上档次。

第2章 | 欧式新娘造型设计

STEP 01 把所有头发尾部微卷，然后将顶区以圆形的分区收起，接着从右侧鬓发区开始，以三股单加（下加）的手法绕过顶区的头发编至后脑勺位置，发尾用橡皮筋固定。

STEP 02 采用同样的手法将左侧的头发全部编辫。

STEP 03 将编好的两条发辫用卡子固定好，注意发辫尾部的隐藏。

STEP 04 将刘海区的头发摆出C形，然后用卡子固定。

STEP 05 将之前顶区留出的头发以同样的方式固定，注意发型要饱满。

STEP 06 佩戴饰品，完成。

所用手法	风格特征
①卷发　②编三股单加辫	欧美发型的时尚风格从来都是让人惊艳的，哪怕是最中规中矩的造型也充满了时尚的气息，勾勒着欧美人独有的轮廓美。
造型重点	
在做这款发型时，三股单加辫的分股要干净均匀，刘海卷好后，用内扣的手法叠出想要的层次感，注意整体发型要向上走。	

STEP 01 把所有头发收起，然后在顶区扎一个高马尾。

STEP 02 在马尾中取一束头发，摆出O形，然后用卡子固定在刘海区域。

STEP 03 再取一个发片，以同样的手法固定，主要形似斜刘海。

STEP 04 在剩余的头发中取出发片，填补空缺的地方，使整体造型形似朋克头。

STEP 05 将饰品戴在固定马尾的位置。

所用手法
①扎马尾 ②玫瑰卷

造型重点
这款造型的重点是头顶马尾的位置，要定好发型的重心，马尾的头发要有层次感地向前叠加，发尾做成玫瑰卷，玫瑰卷的走向是根据卷发的走势而定的。

风格特征
由马尾做成的刘海干净、整洁，充满了高贵、时尚的气息，轻盈蓬松的卷发给人干练、沉稳的感觉。

所用手法
①编两股辫 ②撕花
③编三股单加辫 ④编三股辫

造型重点
处理这款造型时要特别注意，整个造型的重点应该是在额头的位置，因此发辫的走向和饰品的佩戴都应该突出重点。

风格特征
欧美新娘发型结合朋克元素，讲究极度个性与解放，特点主要体现在灰暗的感情基调，传达着独特的情绪。

STEP 01 将刘海区左侧的头发编成两股辫，然后用橡皮筋固定，接着做成撕花造型。

STEP 02 将拉好发丝的发辫盘花，然后用卡子固定在额头的位置。

STEP 03 将刘海区右侧的头发以同样的手法编辫，然后做成撕花造型。

STEP 04 将发辫围绕第一条发辫固定在额头的位置。

STEP 05 把发辫固定好，不能松动。

STEP 06 从右侧鬓发区开始，以三股单加（下加）的手法编发，然后用卡子固定在顶区位置。

STEP 07 采用同样的手法将左边的头发也编成三股单加辫，然后用卡子固定在顶区位置。

STEP 08 将剩余的头发编成三股辫，然后做成撕花造型，摆放在刘海区空缺处。

STEP 09 将发辫固定好，在凹陷处再进行拉丝处理，使发型饱满。

STEP 10 佩戴饰品，完成。

STEP 01 将刘海区头发的尾部烫卷，然后打毛，接着全部往后梳理出纹理。

STEP 02 将颈部的头发编成三股辫，然后用橡皮筋固定。

STEP 03 将右侧耳后的头发打毛，然后用卡子固定在顶区。

STEP 04 将左侧耳后方头发打毛，然后用卡子固定在顶区。

STEP 05 将三股辫收起，摆放在枕发区，可以随意摆放。

STEP 06 佩戴饰品，完成。

所用手法	风格特征
①卷发 ②编三股辫	欧式新娘发型一直都是时尚潮流的主导，它指引着时尚的趋势，反应着流行的脉搏。
造型重点	
将顶区与刘海区的头发卷好后，根据卷发的弧度抓出纹理，并且保持蓬松，体现出一种欧式发包的感觉。	

STEP 01 把所有头发扎成马尾，然后用卡子固定在顶区偏左侧的位置。

STEP 02 将马尾分成前后两片，然后将前面的发片以内扣的方式包住皇冠，固定在顶区。

STEP 03 在马尾后面取一束头发，然后以内扣的方式固定在后脑勺上方。

STEP 04 将头发尾部全部收好，然后将剩余头发全部做成小卷。

STEP 05 将卷好的头发全部收起，摆放在顶区凹陷处和不饱满的地方即可。

STEP 06 佩戴饰品，完成。

所用手法	风格特征
①卷发　②扎马尾　③扣发	朋克发型是欧美发型的时尚风格之一，可谓让人出尽风头的绝佳代表，轻盈蓬松的卷发能给人干练、沉稳的印象。
造型重点	
头顶马尾的定型直接影响这款发型的重心，后面的卷发要向前扩散，并有层次地叠加。发尾要做成内扣的玫瑰卷，玫瑰卷的走向根据卷发的走势而成。	

STEP 01 将顶区的头发打毛，梳理光滑，然后取两片头发打结。

STEP 02 将右侧耳后的头发以内扣的方式固定在后脑勺处。

STEP 03 将左侧耳后的头发以内扣的方式固定在后脑勺处。

STEP 04 将剩余的头发以内扣的方式固定在右侧。

STEP 05 在头发衔接的位置戴上饰品。

所用手法	风格特征
①卷发　②扣发	整个造型突出了欧式新娘放松、慵懒的感觉，清晰的纹理和层次给人干练、沉稳的印象，华丽的饰品突显出欧式新娘的高贵。
造型重点	
顶区和刘海区的头发结合要自然且保持蓬松感，发丝分片要干净，特别是打好结后才能显现出其独特的风格，收尾要保持发型的圆润与饱满。	

STEP 01 将刘海区的头发做成内扣卷，并整理好造型，然后在左侧额头位置戴上饰品，固定刘海。接着将后区的头发全部扎起，固定在偏右的位置。

STEP 02 在马尾中取出发片，然后用电卷棒卷出弧度，固定在马尾上方。

STEP 03 继续取发片，然后卷出弧度，摆在马尾左侧。

STEP 04 继续取发片，然后卷出弧度，固定在塌陷处。

STEP 05 将剩下的头发以内扣的方式全部收起。

STEP 06 调整层次和纹理，然后佩戴饰品，完成。

所用手法	风格特征
①内扣　②扎马尾　③卷发	简洁的手法，清晰的纹理，将欧式造型的力度与动感完美地融合在一起。
造型重点	
在做这款造型时，马尾固定的位置要下偏，在马尾中分发片做卷发时，要保证发片均匀。	

STEP 01 分出刘海区的头发，做成外翻卷，然后选择一款饰品固定刘海，接着将其他头发全部向后梳理，最后将左、右鬓发区的头发相对以内扣的方式固定在枕骨区。

STEP 02 整理好左、右鬓发区头发的纹理。

STEP 03 从左侧耳后取一个发片，然后以内扣的方式固定在后脑勺处，注意发片的位置。

STEP 04 从右侧耳后取一个发片，然后以内扣的方式固定在后脑勺处，注意两个发片的衔接。

STEP 05 将左侧颈部的头发以内扣的方式固定。

STEP 06 将右侧颈部的头发以内扣的方式全部收起，固定到左侧。

STEP 07 选择小的珍珠饰品，点缀发型。

所用手法	风格特征
①外翻卷　②内扣	精致的外翻刘海，大气的内扣卷发与时尚的珍珠饰品，将欧式造型雍容华贵的气质推向高潮。
造型重点	
处理此造型时，刘海要向外翻，形成小小的弧度，用于表现整个发型的俏皮感。	

STEP 01 分出刘海区的头发，做成外翻卷，然后将后区的头发全部扎起，固定在顶区位置。

STEP 02 将马尾分成上、下两部分，注意上面的一部分头发更多。

STEP 03 将上面部分的头发甩到额头的位置，然后摆好造型。

STEP 04 在马尾中再取一个发片，将发尾卷好，摆放在右侧耳上方的位置并固定。

STEP 05 将剩余的头发分成两片，然后取一片头发，固定在马尾下方。

STEP 06 将另一片头发烫卷，摆放在头发空缺处。

STEP 07 佩戴饰品，完成。

所用手法	风格特征
①外翻卷　②扎马尾　③卷发	时尚、高贵的刘海与华丽的水晶饰品搭配，整体造型将新娘高贵的气质体现得淋漓尽致。
造型重点	
处理这款造型时要确定好马尾的位置，在分马尾的时候，上面的头发占整个马尾的2/3。	

STEP 01 将所有头发全部往后卷。

STEP 02 以内扣的方式把头发收起。

STEP 03 从后脑勺开始以三股双加的手法将所有头发编到一起。

STEP 04 编完后将发辫收起，用卡子固定。

STEP 05 佩戴饰品，完成。

所用手法
①卷发 ②编三股双加辫

造型重点
注意刘海发尾与左、右发区发尾卷发的弧度，都要
向后有层次地靠拢，并与后面的编发做好衔接。

风格特征
欧美新娘发型设计极为注重简约，简约而创新才是
时尚的王道。以梦幻唯美的形象在婚礼中示人，绝
对能HOLD住全场。

STEP 01 分出刘海区的头发，然后将顶区的头发扎起。

STEP 02 将刘海区的头发分成三个发片，然后将第一片烫卷，摆出C形并固定在额头。

STEP 03 将刘海区第二片头发以同样的方式固定。

STEP 04 将刘海区第三片头发按上面的方式固定在额头，注意每个发片的位置。

STEP 05 将马尾的头发烫卷，摆放在顶区。

STEP 06 将枕骨区的头发以拧发的方式全部收在顶区，摆出造型，然后用卡子固定。

STEP 07 佩戴饰品，完成。

所用手法	风格特征
①扎马尾 ②卷发 ③手推波纹	精致的手推波纹赋予了整个造型更多的变化与动感，再加上珍珠饰品的修饰，新娘的欧式韵味得到了升华。
造型重点	
处理这款造型时，刘海区的三个发片一定要均匀，纹理一定要清晰，后区的头发要与前面的头发衔接好。	

STEP 01　将刘海区的头发打毛，向后梳理干净，固定在顶区。

STEP 02　将右侧鬓发区的头发以同样的方式固定在顶区。

STEP 03　将右侧耳后方的头发以同样的方式固定在顶区。

STEP 04　在枕骨区取一个发片以内扣的方式固定在顶区。

STEP 05　将左侧鬓发区的头发以同样的方式固定在顶区。

STEP 06　将剩余的头发全部梳理到头顶固定，做出玫瑰卷状，用卡子固定。

STEP 07　将碎发整理干净，调整细节。

STEP 08　佩戴饰品，完成。

所用手法	风格特征
①卷发　②内扣	简洁大气的内扣发片使整个造型十分饱满，皇冠和珍珠饰品的点缀让新娘的女王气息尽显。
造型重点	
在做这款造型时要找准发型的走向和重心，根据卷发的弧度分发片，用内扣的手法做出不同的形状，使每一片的走向都向一个点，注意保持发型的蓬松感。	

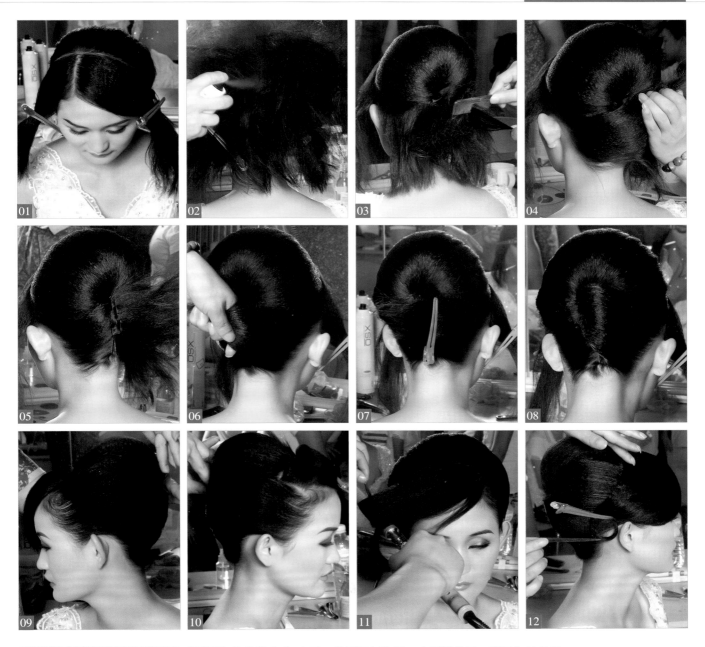

所用手法

①打毛　②拧包
③单包　④内扣

造型重点

打毛能保持发型的圆润度,填补短发发量的不足,欧式发包高耸圆润才能体现出欧美范儿。刘海区的衔接要干净。

风格特征

欧美新娘发型的大牌气质越来越受到热捧,相信这款造型一定能满足新娘的愿望。

STEP 01　将头发分成4个区,分别是刘海区、右侧鬓发区、顶区和枕骨区。

STEP 02　将顶区的头发打毛。

STEP 03　将打毛后的头发表面梳理平滑,然后用卡子固定。

STEP 04　将左侧枕骨区的头发向右侧梳理光滑。

STEP 05　在后脑勺位置开始下卡子固定。

STEP 06　将右侧枕骨区的头发向左侧梳理光滑。

STEP 07　由于头发比较短,需要用鸭嘴夹固定。

STEP 08　以欧式单包的手法将头发全部收起。

STEP 09　将左侧鬓发区的头发打毛,然后向后梳理,固定在后脑勺处。

STEP 10　采用同样的方式将右侧鬓发区的头发收起。

STEP 11　用电卷棒将刘海区头发的尾部向内卷好。

STEP 12　将刘海区的头发梳理光滑,尾部摆出玫瑰卷,然后用卡子固定,接着戴上饰品。

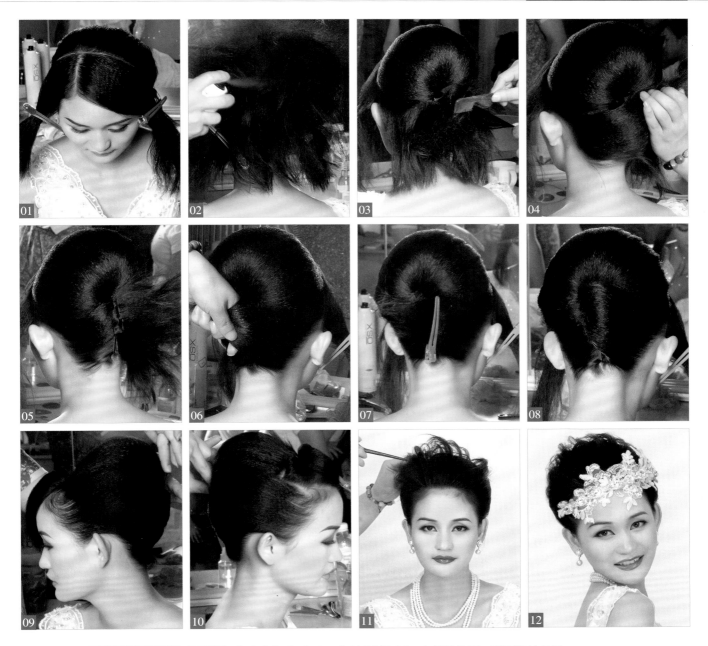

所用手法
①打毛 ②拧包
③内扣 ④卷发

造型重点
刘海区头发的处理是这款造型的重点，主要学习通过刘海的快速变换以达到不同的造型效果。

风格特征
简洁、圆润的欧式发包与刘海区清晰的纹理完美地融合在一起，再加上珍珠网纱饰品的修饰，凸显出新娘高贵、华丽的气质。

STEP 01 将头发分成4个区，分别是刘海区、右侧鬓发区、顶区和枕骨区。

STEP 02 将顶区的头发打毛。

STEP 03 将打毛后的头发表面梳理平滑，然后用卡子固定。

STEP 04 将左侧枕骨区的头发向右侧梳理光滑。

STEP 05 在后脑勺位置开始下卡子固定。

STEP 06 将右侧枕骨区的头发向左侧梳理光滑。

STEP 07 由于头发比较短，需要用鸭嘴夹固定。

STEP 08 以欧式单包的手法将头发全部收起。

STEP 09 将左侧鬓发区的头发打毛，然后向后梳理，固定在后脑勺处。

STEP 10 采用同样的方式将右侧鬓发区的头发收起。

STEP 11 将刘海区头发往上翻卷，并用尖尾梳整理出纹理。

STEP 12 在额头处戴上饰品，完成。

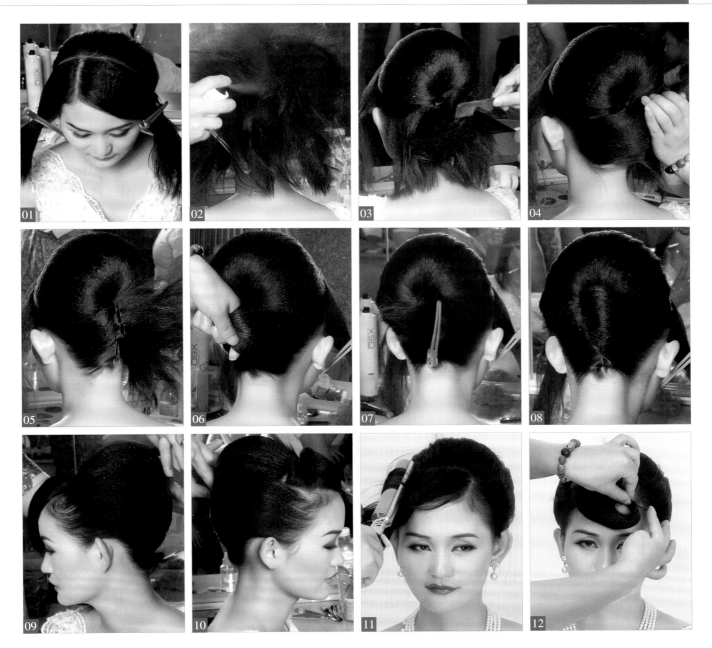

所用手法
①打毛 ②拧包
③内扣 ④卷发

造型重点
如何通过刘海的快速改变打造出不同的造型，依然是这款发型的重点。

风格特征
这款造型将刘海做成玫瑰卷，与顶区的发包相互呼应，在分区的位置戴上水晶饰品，使整体造型完美无缺。

STEP 01 将头发分成4个区，分别是刘海区、右侧鬓发区、顶区和枕骨区。

STEP 02 将顶区的头发打毛。

STEP 03 将打毛后的头发表面梳理平滑，然后用卡子固定。

STEP 04 将左侧枕骨区的头发向右侧梳理光滑。

STEP 05 在后脑勺位置开始下卡子固定。

STEP 06 将右侧枕骨区的头发向左侧梳理光滑。

STEP 07 由于头发比较短，需要用鸭嘴夹固定。

STEP 08 以欧式单包的手法将头发全部收起。

STEP 09 将左侧鬓发区的头发打毛，然后向后梳理，固定在后脑勺处。

STEP 10 采用同样的方式将右侧鬓发区的头发收起。

STEP 11 用电卷棒将刘海区的头发往外翻卷。

STEP 12 顺着卷发的纹理做一个玫瑰卷，固定在额头的位置，然后戴上饰品，完成。

STEP 01 用电卷棒将所有头发全部烫卷。

STEP 02 从右侧鬓发区位置取一束头发，以拧发的方式将其固定在顶区。

STEP 03 采用相同的手法依次向下取发片，将所有头发全部固定在顶区位置。

STEP 04 按照卷发的纹理，将顶区的头发摆放在刘海区的位置。

STEP 05 将每一个发卷整理好，然后喷发胶定型。

STEP 06 佩戴饰品，完成发型。

所用手法
①卷发 ②拧发

造型重点
在卷发之前，分出的发片要均匀，拧发的时候力度
要适中，这样才能保证造型的纹理优美。

风格特征
刘海区轻盈蓬松的卷发与后区拧发的精致纹理形成对
比，将新娘青春、活泼的气质展现得淋漓尽致。

STEP 01 将刘海区的头发三七分开，然后将右侧的刘海分成两个发片，接着采用三股单加的手法将下面的发片编至发尾并固定。

STEP 02 将刘海区上面的发片以同样的方式编好，摆出花纹。

STEP 03 在后区取一个发片，以同样的手法编好，固定在右侧耳后的位置。

STEP 04 将左侧耳后的头发以同样的方式编至发尾，并固定在右侧耳后的位置。

STEP 05 从左侧鬓发区位置开始，以三股单加的方式编发。

STEP 06 将编好的发辫绕过头顶，固定在右侧耳后的位置。

STEP 07 佩戴饰品，完成。

所用手法	风格特征
①烫玉米穗　②编三股单加辫	此款发型简洁、立体，并含有朋克元素。
造型重点	
在做这款造型时，发型的重心要靠右上，分发片要均匀，发辫向重心集中，纹理保持清晰干净。	

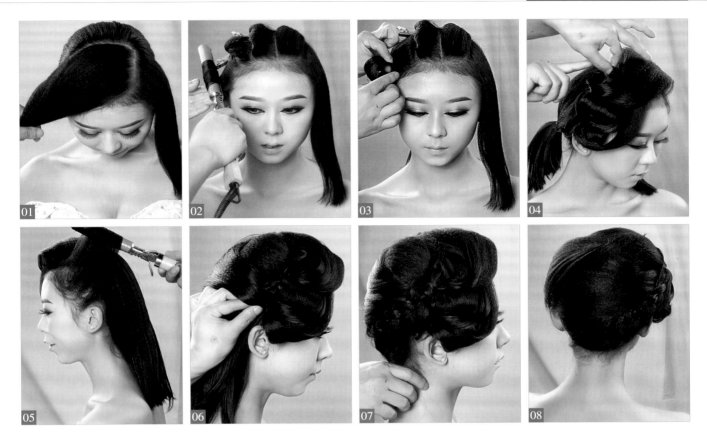

STEP 01 将头发梳理整齐，然后进行分区。

STEP 02 将刘海区的头发分成几个发片，然后用电卷棒烫卷。

STEP 03 顺着卷发的纹理将头发做成卷筒并固定。

STEP 04 继续将发片卷好，然后顺着纹理用卡子固定，注意纹理的位置和走向。

STEP 05 将左侧鬓发区的头发烫卷，然后固定在刘海区的位置。

STEP 06 将枕骨区的头发以同样的方式固定在右侧耳上方的位置。

STEP 07 将剩余的头发全部编成三股辫，然后固定在右侧耳上方的位置。

STEP 08 检查细节，然后佩戴饰品，完成发型。

所用手法	风格特征
①烫玉米穗　②卷发　③编三股辫	这款欧式造型简单、质朴，精心挑选的水晶饰品和网纱饰品点缀在发型中，整体造型清新别致，贵气十足。
造型重点	
发型的重心靠右上，将刘海分片卷烫后根据其纹理做出各种形状，纹理要保持清晰干净，注意整个发型的走向。	

STEP 01　将所有头发中分，然后用电卷棒全部烫卷。

STEP 02　将卷好的头发打理出纹理。

STEP 03　从右侧刘海区开始以内扣的方式将头发固定好。

STEP 04　以相同的方式继续固定头发。

STEP 05　从左侧鬓发区开始以相同的方式固定头发，注意左侧固定的头发要包住右侧固定的头发。

STEP 06　依次取发片，并以同样的方式将其固定。

STEP 07　将剩余的头发用同样的方式收起。

STEP 08　戴上饰品，点缀发型。

所用手法
①卷发　②内扣

造型重点
在处理这款造型时要注意新娘是短发，因此卷发的弧度和造型的轮廓都要控制好。

风格特征
这是一款半盘发欧式新娘造型。外轮廓处理得十分精致、巧妙，对新娘的脸型起到了很好的修饰作用。

STEP 01 将所有头发中分，然后用电卷棒全部烫卷。

STEP 02 将卷好的头发打理出纹理。

STEP 03 从左侧鬓发区开始，以三股单加的手法编至右侧耳后的位置并固定。

STEP 04 将右侧刘海区的头发以内扣的方式盘起并固定。

STEP 05 将左侧耳后的头发以相同方式收起并固定。

STEP 06 将剩余的头发以同样的方式全部收起并固定。

STEP 07 戴上饰品，完成。

所用手法
①卷发 ②编三股单加辫 ③内扣

造型重点
这款造型的重心要向右侧偏，右侧的发尾只需要做出有层次的外翻弧度即可。

风格特征
经典的外翻卷刘海设计与后区的头发完美地衔接在一起，选择一款小的皇冠反戴在空隙处，使造型饱满动人。

所用手法

①卷发　②拧发

造型重点

找好发型走向的重心，根据卷发的弧度分发片，用内扣的手法做出不同的形状，注意每一片发片都应朝向一个点。保持发型的蓬松感。

风格特征

这款造型高贵、大气，宫廷味儿十足，将欧式宫廷贵妇的气质体现到了极致。

STEP 01　分出刘海区的头发。

STEP 02　以内扣的方式将刘海区的头发固定在顶区位置。

STEP 03　将右侧鬓发区的头发分成发片，然后以拧发的手法固定在顶区位置。

STEP 04　将右侧耳后方的头发以拧发的手法固定在顶区位置。

STEP 05　将左侧鬓发区的头发以同样的手法固定在顶区位置。

STEP 06　将左侧耳后方的头发分成发片，然后以拧发的手法固定在顶区位置。

STEP 07　将颈部左侧的头发以同样的手法收起并固定。

STEP 08　将颈部右侧的头发以同样的手法收起并固定。

STEP 09　戴上饰品，点缀发型。

所用手法
①编三股双加辫 ②编三股单加辫

造型重点
处理此造型时要保持头发蓬松,几条三股辫的拼凑能给人一种多股辫的感觉。发辫与发辫的衔接要体现出发型的唯美感,同时注意发型的走向是向上偏右。

风格特征
这款造型以编发为主,整体造型简洁、大气,点缀的珍珠饰品动感、流畅。

STEP 01 将刘海区的头发梳理干净。

STEP 02 将刘海区头发以三股双加的方式编发。

STEP 03 将编好的发辫固定在右侧耳上的位置。

STEP 04 由顶区开始,以同样的手法进行编发。

STEP 05 将编好的发辫固定在相同的位置。

STEP 06 从右侧鬓发区开始经过枕骨区到右侧耳后的位置,以同样的手法进行编发。

STEP 07 将编好的发辫也固定在相同的位置。

STEP 08 将剩余的头发以三股单加的手法从右侧耳后向左侧编发,一直编到发尾。

STEP 09 将编好的发辫固定在顶区的位置。

STEP 10 将之前发辫剩余的头发全部编辫。

STEP 11 将发辫斜向上固定在枕骨区的位置。

STEP 12 将碎发整理干净,然后戴上饰品。

所用手法
①拧包 ②内扣 ③打毛

造型重点
在做这款造型时，发包要保持圆润、干净。摆放的玫瑰卷要恰到好处，可以做装饰，也可填补造型的不足之处。刘海要有层次，与发包衔接自然。

风格特征
这是一款充满古典美的欧式宫廷贵妇造型，再加上饰品的点缀，整体造型优美别致，贵气十足。

STEP 01 将头发梳理整齐，然后进行分区。

STEP 02 分出顶区的头发，然后做成一个发包。

STEP 03 在左侧耳后取一个发片，然后以内扣的方式固定好。

STEP 04 以同样的方式继续取发片并固定好，一直到右侧耳后的位置。

STEP 05 在左侧刘海区取一个发片，固定在右侧耳后的位置。

STEP 06 将刘海区剩余的头发打毛。

STEP 07 将刘海区的头发固定在顶区的位置，注意将发尾做成玫瑰卷的形状，其他的发尾也做成玫瑰卷。

STEP 08 将左侧鬓发区的头发梳理干净，然后固定在发包的位置，发尾也做成玫瑰卷。

STEP 09 用卡子将发尾固定好，然后戴上饰品。

STEP 01 将所有的头发烫成玉米穗，然后分出刘海区和鬓发区，并将刘海区的头发三七分开。接着将左边耳朵后方的头发以拧发的方式固定在右侧耳朵后方的位置。

STEP 02 将枕骨区的头发拧转后编成两股辫，用橡皮筋固定。

STEP 03 将拧好的辫子绕圈，固定在后脑勺的位置。

STEP 04 将刘海区的头发向后梳理，然后取出3个发片。

STEP 05 采用三股单加的手法将刘海区的头发编至发尾收起，然后用卡子固定在右侧耳上方。

STEP 06 将左侧鬓发区的头发以同样的方式收起，注意要蓬松一点。

STEP 07 将两条发辫的发尾固定在一起，做成一个环状，然后佩戴饰品。

所用手法	风格特征
①烫玉米穗　②编两股辫　③编三股单加辫	随着欧式婚礼的流行，欧式新娘造型也受到很多新娘的追捧。相信这款造型能彰显您的个性，让您更时尚！
造型重点	
在做这款造型时头发要蓬松，在编发时不宜拉紧，尽量松散一点，发辫与发辫衔接时要注意造型轮廓。	

编发是一种常用的造型手法，有三股辫、五股辫、三股添加辫、鱼骨辫等。运用好这些编发手法，可变换出多种多样的新奇造型。无论是高贵典雅、烂漫妩媚，还是清新时尚，都能通过不同的编发手法来实现。

第3章 | 编发新娘造型设计

STEP 01 以三股单加的手法从左侧耳后的位置开始编发，一直编至发尾，用皮筋固定。

STEP 02 采用同样的手法将中间部分的头发编至发尾，用皮筋固定。

STEP 03 将剩余头发也采用同样的手法编辫。

STEP 04 将刘海分成上、下两个发片，然后将下面的发片以三股单加的手法编至发尾并固定。

STEP 05 采用同样的手法将上面一片刘海也编至发尾，然后和其他发辫一起全部收起，接着固定
在右侧耳后的位置。

STEP 06 佩戴饰品，点缀发型。

所用手法	风格特征
①编三股单加辫 ②烫玉米穗	自然、简洁、清新是韩式新娘造型的特点，这款造型主打清新可爱的感觉，又不失韩式新娘的端庄优雅。由各种编发组成的发型既不单调又显得高端。
造型重点	
双层刘海用三股单加的手法呈现，既新颖又时尚。头发的纹理一定要干净，头发的衔接一定要有层次感并且流畅。	

STEP 01 将头发中分，然后从右侧刘海区开始以三股单加的手法编至发尾，收起备用。

STEP 02 将编好的发辫拧起来。

STEP 03 将拧好的发辫用卡子固定在右侧耳上方的位置。

STEP 04 采用同样的手法将左侧的头发也编辫。

STEP 05 将编好的发辫拧一下，然后下卡子固定。

STEP 06 将剩余的头发也编成三股单加辫，然后做成撕花造型。

STEP 07 将发辫收起，然后用卡子固定在右侧耳下方的位置。

STEP 08 佩戴饰品，完成！

所用手法	风格特征
①编三股单加辫 ②烫玉米穗 ③撕花	精致的编发、层次鲜明的发型轮廓和高贵优雅的水晶皇冠将韩式风格完美地体现了出来。
造型重点	
整个造型主要采用三股单加的手法进行编发，围绕在造型的外轮廓，头发的纹理要清晰，发辫之间的衔接要流畅自然。	

STEP 01 将所有头发全部往后梳理整齐，然后将刘海区的头发以三股单加的手法编至发尾，接着反扣、盘花，最后固定在顶区的位置。

STEP 02 从右边耳后的位置开始以三股单加的手法将右侧的头发编成三股添加辫。

STEP 03 将头发编至后脑勺处停止加发，然后以三股辫的手法编至发尾，接着收起盘花。

STEP 04 从左侧鬓发区开始，以三股单加的方式开始编发。

STEP 05 编至后脑勺处停止加发，然后编至发尾。

STEP 06 将辫子收起，用卡子固定在右侧耳上方的位置。

STEP 07 在盘花的位置拉出发丝，做成撕花造型，使整个发型更加饱满。

STEP 08 佩戴饰品，增加造型的亮点。

所用手法	风格特征
①编三股单加辫 ②烫玉米穗 ③撕花	自然、简洁、清新是这款造型的主要特点，整体造型给人一种端庄优雅的感觉。
造型重点	
头发的分区、各分区发辫的走向和固定的位置直接关系到造型的最终效果。同时，饰品的佩戴看似简单，其实也很有讲究，饰品要起到衬托的作用，并使造型更加饱满。	

所用手法
①拧包 ②编三股单加辫

造型重点
发包要保持圆润干净，其余的头发分别以三股单加的手法编成发辫，围绕着发包做衔接。

风格特征
发包在韩式新娘造型中非常常见，三股单加的手法也十分常用，两种简单的手法结合在一起却做出了不简单的造型，让很多女孩向往。

STEP 01 将头发分区，然后将后区的头发打毛，在顶区做出发包，接着从右侧刘海区开始以三股单加的手法编辫。

STEP 02 在右侧耳下方的位置停止加发，然后采用三股辫的手法编至发尾。

STEP 03 将编好的发辫盘花，然后用卡子固定在枕骨区塌陷处。

STEP 04 从左侧刘海区开始以同样的手法开始编辫。

STEP 05 将编好的发辫与右侧的发辫固定在一起。

STEP 06 调整好发辫的盘花造型。

STEP 07 将后区的头发以三股单加的手法编至发尾。

STEP 08 将发辫盘花，然后用卡子固定在塌陷处，接着做成撕花造型，使发型饱满。

STEP 09 在发辫盘花的中间位置佩戴饰品，使造型更加完美。

STEP 01 将顶区的头发做成发包，然后将刘海区的头发三七分开，接着将右侧刘海区的头发分成几个均等的发片，最后分别将发片拧起来，用卡子固定在顶区。

STEP 02 将右侧耳后的头发以同样的手法拧起，并用卡子固定在发包下方。

STEP 03 将发包下面的头发分成上、下两层，然后采用同样的手法将上层的头发拧起，用卡子固定好。

STEP 04 采用同样的手法将左边鬓发区的头发拧转、收起，然后用卡子固定。

STEP 05 采用同样的手法将左侧耳下方的头发拧转、固定。

STEP 06 将剩余头发全部拧起来，然后固定在右侧耳后的位置。

STEP 07 将饰品佩戴在造型衔接的位置，使整个造型更加自然。

所用手法	风格特征
①拧包　②拧发	整洁干净的发包与纹理清晰的拧发结合在一起，再加上饰品的点缀，新娘的优美展露无遗。
造型重点	
可以根据不同新娘的脸型控制发包的高低，在分发片的时候要均匀，这样拧好的头发才会一致。	

STEP 01 将刘海区的头发三七分开，然后将右侧的头发采用三股单加的手法编至发尾，接着将编好的发辫做成撕花造型。

STEP 02 采用同样的手法将左侧鬓发区的头发编至发尾。

STEP 03 将后区的头发也编成三股单加辫，然后用卡子固定在右侧耳后的位置。

STEP 04 将左侧鬓发区的发辫摆好造型，然后用卡子固定。

STEP 05 将刘海区的发辫从下面绕过之前的发辫，然后摆好造型，并用卡子固定。

STEP 06 调整造型的细节，然后戴上饰品。

所用手法
①编三股单加辫　②烫玉米穗

造型重点
几条简单的三股单加辫组合在一起，会给人一种复杂化的错觉。整个发型的收尾要圆润，纹理必须保持清晰干净。

风格特征
新娘编发造型能散发出独特的女人味儿。麻花辫总是带有些许童年的青涩记忆，因此运用在新娘造型中能给人不羁与多变的感觉。同时，时尚的麻花辫已经成为新娘不可或缺的造型之一。

所用手法

①编三股单加辫　②编鱼骨辫
③编三股双加辫

造型重点

编发依然是这款造型的重点。要
特别注意鱼骨辫和三股双加辫的
手法，发辫之间的衔接要自然，
造型要饱满。

风格特征

编发是韩式新娘造型常用的手法
之一，将不同的发辫组合在一起
能给人整洁优美的感觉，再加上
珍珠和羽毛饰品的点缀，更加衬
托出女性的柔美。

STEP 01　将后区左侧的头发分成三片，然后将最下面的一片头发编成三股单加辫。

STEP 02　将中间的发片也编成三股单加辫。

STEP 03　将最上面的一片头发编成鱼骨辫，收起备用。

STEP 04　将刘海区的头发从中间开始，以三股双加的方式进行编发。

STEP 05　将剩下的头发全部加进发辫中编至发尾，并用橡皮筋固定。

STEP 06　将发辫卷起，固定在顶区的位置。

STEP 07　将鱼骨辫盘绕收起，和之前的发辫固定在一起。

STEP 08　将左侧中间的发辫以同样的方式收起并固定，注意发辫的衔接。

STEP 09　将最后一条发辫以同样的方式收起并固定，并整理好各个发辫的造型，调整相互之间的衔接。

STEP 10　在额头左侧的位置和发辫间佩戴饰品，完成发型。

STEP 01 将刘海区的头发分成三个发片，然后分别将发片拧转，编成两股辫备用。

STEP 02 将第一条拧好的发辫盘绕在右侧耳上方的位置，并用卡子固定。

STEP 03 将另外两条发辫以同样的方式收起并固定好，然后将左侧耳上方的头发拧转，绕过顶区固定到右侧。

STEP 04 采用同样的方法将左侧的头发全部收起并固定，整理出层次。

STEP 05 在顶区取一片头发拧起，然后固定在刘海处，与之前的发辫衔接。

STEP 06 在枕股区取一片头发，以同样的方式固定。

STEP 07 将后颈部的头发以同样的方式收起并固定，注意头发之间的衔接要自然。

STEP 08 选择一款珍珠饰品佩戴在左侧额头的位置，使造型更加饱满。

所用手法	风格特征
①拧发　②编两股辫　③烫玉米穗	采用拧转的手法做成的造型给人简洁、清晰的感觉，再加上珍珠饰品的修饰，让无数人为之倾倒。
造型重点	
分发片一定要均匀，在拧发时要注意头发的走向，以及拧转头发之间的相互衔接和层次。	

STEP 01　将头发梳理光滑，然后将刘海区三七分开，接着以三股单加的手法将右侧的刘海开始编发。

STEP 02　编至发尾用橡皮筋固定，收起备用。

STEP 03　将三股添加辫按顺时针向内旋转收起，并用卡子固定在颈部的位置。

STEP 04　从左侧鬓发区开始以三股单加的手法进行编发，编至发尾处用橡皮筋固定。

STEP 05　将编好的发辫固定在右边耳朵后方的位置，与之前固定的发辫衔接。

STEP 06　将剩余的头发绕到右侧，以内扣的方式收起。

STEP 07　将发尾隐藏，然后用卡子固定。

STEP 08　在额头和发辫处佩戴饰品，完成发型。

所用手法
①编三股单加辫　②内扣　③烫玉米穗

造型重点
发辫的走向和后区头发的收尾是这款造型的重点，同时饰品的佩戴也十分讲究，要顺着S形的发辫进行点缀。

风格特征
S形的发辫和简洁的饰品将女性的柔美做了最好的诠释，相信每一个女孩都希望能拥有这款造型。

STEP 01 从刘海区开始，以三股单加的手法进行编发。

STEP 02 将编好的发辫卷起，然后用卡子固定在顶区位置。

STEP 03 将顶区的头发以两股双加的手法进行编发。

STEP 04 将枕骨区的头发以同样的手法编好备用。

STEP 05 将枕骨区编好的发辫拉出发丝，盘出花纹。

STEP 06 将顶区编好的发辫以同样的方法固定好。

STEP 07 佩戴好饰品，完成发型。

所用手法
①编三股单加辫　②编鱼骨辫　③编两股双加辫

造型重点
采用两股双加的手法编鱼骨辫是这款造型的重点，在进行编发的时候，发丝一定要干净，在发辫相互衔接的时候，要有层次感并且流畅。

风格特征
鱼骨辫也是韩式造型常用的手法之一，再加上饰品的修饰，展示出新娘端庄、优美、高贵的气质。

STEP 01 将所有头发向后梳理光滑，然后将左侧鬓发区的头发拧转并用卡子固定好。

STEP 02 采用同样的方法将右侧鬓发区的头发拧转并固定。

STEP 03 采用同样的方法将顶区的头发拧转并固定。

STEP 04 将拧转后的头发编成三股辫。

STEP 05 将编好的发辫收起，并用卡子固定在右侧脑后的位置，然后选择饰品点缀发型。

所用手法	风格特征
①拧发　②编三股辫	精致的拧发、纹理清晰的编发都是韩式造型常用的手法。珍珠网纱饰品的点缀尽显新娘娴静、优雅的气质。
造型重点	
这款造型主要采用编发与拧发相结合的手法呈现，整体造型既新颖又时尚。需要注意的是造型要饱满，饰品佩戴的位置要适当。	

STEP 01 将头发梳理整齐，然后以三股单加的手法将刘海区的头发编好。

STEP 02 从左边鬓发区开始，以三股单加的手法进行编发。

STEP 03 经过枕骨区编至右侧耳朵后方的位置，变成三股双加的手法转弯。

STEP 04 编至左侧耳后下方的位置，再次采用三股双加的手法转弯。

STEP 05 将整个发辫编成S形收尾，然后将其用卡子与刘海区的发辫固定在一起。

STEP 06 将饰品佩戴在衔接的位置，完成。

所用手法	风格特征
①编三股单加辫　②编三股双加辫	曲线总能体现出女性的柔美，珍珠更是无数女性最爱的饰品，两者的完美结合呈现给大家的是一种美的享受。
造型重点	
整个造型的重点是编织S形的三股添加辫。需要特别注意的是辫子转弯的弧度要圆润，头发的纹理要清晰。	

STEP 01 将刘海区的头发以三股单加的手法编到右侧，固定好。

STEP 02 将剩下的头发分成三个发片，然后从左侧鬓发区位置开始将最上面的发片编成斜向的三股单加辫。

STEP 03 采用同样的手法从左侧耳朵后开始，将中间的发片编成斜向的三股单加辫。

STEP 04 采用同样的手法从左边耳后下方开始，将最下面的发片编成斜向的三股单加辫。

STEP 05 将所有发辫收起，分别拉出发丝，固定在右侧颈部的位置。

STEP 06 佩戴饰品，完成发型。

所用手法	风格特征
①编三股单加辫 ②撕花	自然、简洁、清新是编发造型的主要特点，这款造型尽显韩式新娘的端庄、优雅气质。
造型重点	
这款造型的重点是分区编发，发辫之间的层次感和相互衔接的位置一定要特别注意。	

STEP 01 将头发分成前、后两个区，然后将刘海三七分开。

STEP 02 从左侧耳上方的位置开始以三股单加的方式进行编发。

STEP 03 将头发编至右侧耳朵后方停止加发并转弯，然后从内侧取头发添加，一直编到左侧耳后的位置。

STEP 04 将编好的发辫用卡子固定在左侧耳朵后方的位置。

STEP 05 将左侧刘海区的头发以三股双加的方式编辫。

STEP 06 将编好的发辫固定在后脑勺的位置，与之前的发辫衔接。

STEP 07 将右侧刘海区的头发以同样的手法编辫，并用卡子与之前的发辫固定在一起。

STEP 08 选择适合的饰品点缀发型，完成。

所用手法	风格特征
①编三股单加辫 ②编三股双加辫	简洁、整齐的编发是这款造型的主要特点，饰品的修饰使造型更加完美。
造型重点	
这款造型的重点是编发手法之间的相互转换。发辫转弯的弧度要圆润，衔接要自然。	

复古新娘造型是近几年新娘造型的流行趋势，复古造型会让新娘看上去更典雅，更有朝气。低调却不失优雅的复古新娘发型贵气逼人，颇为吸睛。

第4章|复古新娘造型设计

STEP 01 将顶区和枕骨区的头发收起。

STEP 02 以拧发的手法向左侧拧起来。

STEP 03 将拧出的发尾收起，并用卡子固定好。

STEP 04 将右侧耳后方的头发以拧发的手法收起，固定在后脑勺偏左的位置。

STEP 05 采用同样的手法将颈部的头发也拧转、收起并固定。

STEP 06 将刘海区的头发以外翻的手法做出斜刘海造型。

STEP 07 将剩余头发收起，固定在左侧太阳穴位置，摆出玫瑰卷造型。佩戴饰品。

STEP 08 造型完成。

所用手法	风格特征
①卷发 ②拧发 ③内扣 ④外翻卷	此款造型整体偏向于中式复古风格，体现出女性温文尔雅却不失时尚大气的一面。多搭配复古型婚纱或高贵型鱼尾婚纱。再加上蕾丝头饰的衬托，更将中国古代女性端庄贤淑的气质表现得淋漓尽致。
造型重点	
整体轮廓要圆润，不宜有太多棱角。发丝纹理一定要非常清晰。	

STEP 01 将顶区头发打毛，做出韩式发包。

STEP 02 从左、右两侧分别取同样分量的头发，以内扣的方式固定在后脑勺处。

STEP 03 将枕发区的头发也采用内扣的方式全部收起。

STEP 04 将右边鬓发区的头发全部内卷，推出S形波纹，然后用卡子固定。

STEP 05 采用同样的手法将刘海区和左侧鬓发区的头发做出S形波纹。

STEP 06 在衔接处佩戴水晶饰品，完成。

所用手法	风格特征
①卷发　②玫瑰卷　③手推波纹	这款造型运用了中国传统的手推波纹手法，是典型的中式复古风格。常搭配旗袍或者其他中国风服装，体现女性雍容华贵却不失时尚大气的气质。
造型重点	
这款发型的分区尤为重要。根据脸型不同，可选择中分或者偏分修饰脸型。手推波纹的掌握也尤为重要，整体以圆形为主，细节可灵活变动。	

STEP 01 将刘海区的头发分成两片，然后将第一片头发烫卷，摆出S形，并固定在额头位置。

STEP 02 将刘海区的第二片头发以同样的方式固定在右侧太阳穴位置。

STEP 03 将左侧鬓发区的头发拉直，然后固定在顶区。

STEP 04 将左侧耳后的头发以同样的方法固定在顶区。

STEP 05 将右侧耳后的头发以同样的方法固定在顶区。

STEP 06 将剩余头发全部收起，固定在顶区，注意头发之间的层次。

STEP 07 佩戴饰品，完成。

所用手法
①卷发 ②内扣 ③手推波纹

造型重点
这款造型的重点是将刘海区的头发摆出S形波浪纹理，要注意顺着卷发的纹理摆，不要硬扯出纹理，这样会使纹理不自然、生硬。

风格特征
这款发型还是延续复古的风格，无需繁琐的配饰。简洁大方，干净利落正是这款发型的特点。这款发型体现了女性独立、干练的个性。

STEP 01 用卷发棒将刘海区的头发做成内翻卷。

STEP 02 用卷发棒将后区头发的尾部全部烫卷。

STEP 03 将后区头发全部向右梳理出纹理。

STEP 04 从左侧耳后开始以三股单加的手法编发。

STEP 05 将梳理到右侧的头发尾部以内扣的方式收起。

STEP 06 整理好头发的造型，然后用卡子将头发固定好。

STEP 07 将刘海区的头发梳理出纹理，然后以手推的方式做出波纹造型。

STEP 08 用鸭嘴夹固定好纹理，并将发尾向后区梳理。

STEP 09 将发尾收起，用卡子固定在右侧，然后喷发胶定型，取下鸭嘴即可。

STEP 10 在左侧额头位置佩戴饰品，发型完成。

STEP 01 用卷发棒将头发全部卷起。

STEP 02 采用三股单加的手法将后区的头发全部编好，并用橡皮筋固定。

STEP 03 将刘海区的头发以三股双加的方式编好，并留出发尾。

STEP 04 选择一条卷曲假发，整理好后固定在右侧耳后位置。

STEP 05 在真假发衔接位置摆出纹理，将其固定。

STEP 06 佩戴饰品，完成。

所用手法	风格特征
①编三股单加辫 ②编三股双加辫 ③真假发结合	干净利索的斜分刘海，发尾大卷半披，给人端庄贤淑的感觉，女性魅力十足。

造型重点

根据真人头发颜色的深浅选择相应的假发，真假发衔接处一定要自然。假发需要稍微打毛，让假发看起来真实自然一点。

所用手法

①卷发　②手摆波纹　③内扣

造型重点

将刘海区的头发卷好之后，顺着卷发的纹理摆出C形。注意发片要分均匀，只需将尾部卷好即可，后区发包要饱满圆润。

风格特征

这款造型属于微复古风格，相比复古风会显得年轻一些。妆面摒弃了大红唇和烟熏妆，取而代之的粉色系列使整个造型充满青春活力。

STEP 01 将刘海区的头发全部分好区。

STEP 02 从左侧鬓发区开始，将分好区的头发用电卷棒烫卷。

STEP 03 将卷好的头发摆出C形，并用卡子固定。

STEP 04 采用同样的方法将其余分区的头发卷好，同样摆成C形。

STEP 05 将左侧鬓发区的头发也用电卷棒烫卷。

STEP 06 在顶区位置取一片头发，以内扣的方式固定在右侧耳后的位置。

STEP 07 再从顶区取一片头发，固定在右侧耳下方的位置。

STEP 08 依次取出发片，以同样的方式固定。

STEP 09 将左侧区域的头发盘起，固定在后脑勺位置。

STEP 10 将剩余头发全部以内扣的方式固定在右侧耳下方的位置。

STEP 11 将发尾全部收起，然后用卡子固定。

STEP 12 将左侧鬓发区烫好的头发按纹理收在后脑勺位置。

STEP 13 调整发型的层次和细节，使发型更加饱满自然。

STEP 01　将刘海区的头发分成三片，然后将最下面的发片打卷并固定。

STEP 02　将第二片头发以同样的方法固定。

STEP 03　将第三片头发以同样的方法固定。

STEP 04　将左侧鬓发区的头发做出手推波纹，然后用卡子固定。

STEP 05　将后区的头发以内扣的手法收在后脑勺位置，然后下卡子固定。

STEP 06　将剩余的头发全部收在右侧耳下方的位置，注意头发之间的相互衔接。

STEP 07　选择一款大的珍珠饰品佩戴在右侧位置，完成发型。

所用手法	风格特征
①卷发　②手摆波纹　③内扣	此款发型属于典型的中国风造型，加上大红唇的衬托，整个造型女人味儿十足，作为晚礼发型或是旗袍发型均可。
造型重点	
用短发做复古风格的发型本身就不易，因此要特别注意分发片。前面头发分得太多，容易导致后面发量缺少，整体发型就不饱满。因此要将不用的短发打毛，用长发将其包住。	

所用手法
①卷发 ②拧发 ③内扣

造型重点
手推波纹的纹路一定要干净流畅，顶区的头发要蓬松一些。

风格特征
此款发型整体风格偏向于中式复古类型，优雅华贵、个性十足的韵味更体现了强烈的时尚感，让经典绽放永恒。

STEP 01 将头发梳理光滑，并进行分区。

STEP 02 将顶区头发烫卷，然后摆出纹理，下卡子固定。

STEP 03 继续取发片，然后以同样的手法固定。

STEP 04 将顶区的头发也用同样的手法固定。

STEP 05 将后脑勺左侧剩余的头发全部拧起并固定。

STEP 06 将后脑勺中间的头发以同样的手法拧起并固定。

STEP 07 将后脑勺右侧的头发也拧起并固定。

STEP 08 用刘海区的头发衔接后区的头发，然后将发尾收起并固定。

STEP 09 调整头发纹理的衔接，然后在纹理间点缀珍珠饰品，完成。

STEP 01 将头发梳理光滑，然后分区，接着将左侧鬓发区的头发以手推波纹的手法固定好。

STEP 02 将后区的头发全部以三股单加的方式进行编辫。

STEP 03 将发辫编至右侧耳下方处停止编发，收起并固定。

STEP 04 采用玫瑰卷的手法将右侧剩余头发固定好。

STEP 05 用卡子将发尾固定在后脑勺的位置。

STEP 06 将刘海区的头发以手推波纹方式固定好，使之与之前的发辫衔接自然。

STEP 07 将饰品佩戴在前后分区的位置，并将其点缀在纹理之间。

所用手法	风格特征
①手推纹理　②编三股单加辫	此款发型整体风格偏向于西式复古类型，莹润秀丽的发丝，优雅完美的弧度，释放出别样的柔情与魅力。
造型重点	
手推波纹的纹路一定要干净流畅，发尾要做成玫瑰卷。	

如今，80后或者90后的新娘更喜欢追求小清新的田园风新娘造型，因为这样的造型可爱而唯美，同时非常适合户外婚礼。下面将介绍如何打造出田园风新娘造型。

第5章 | 田园新娘造型设计

STEP 01 将头发梳理光滑并分区，然后将顶区头发的根部打毛，做一个韩式发包。

STEP 02 用电卷棒将左侧鬓发区的头发向后脑勺的方向烫卷。

STEP 03 将卷发顺着它的自然纹理摆在韩式发包的塌陷处，然后用卡子固定。

STEP 04 采用同样的手法将右侧耳后的头发也固定在发包的下面，注意留出右侧鬓发区的头发。

STEP 05 将左、右两侧剩余的头发用电卷棒向后脑勺方向全部卷好。

STEP 06 将烫卷的头发全部向左侧梳理好，然后将右侧鬓发区的头发固定在枕骨位置，发尾做成玫瑰卷的形状。

STEP 07 将刘海区的头发编成三股单加辫，与卷发一起固定在左侧耳下方的位置，摆出花纹即可。

STEP 08 佩戴饰品，完成。

所用手法	风格特征
①拧包 ②卷发 ③内扣 ④编三股单加辫	充满大自然气息的田园风新娘发型兼具浪漫与唯美的特点，最适合童话式婚礼。
造型重点	
做这款发型时，发包要保持圆润干净，其他的头发要顺着卷发的弧度抓出纹理和层次。	

STEP 01 将头发梳理光滑，然后进行分区，接着将刘海区的头发向左梳理出纹理，将顶区的头发打毛，做出韩式发包。

STEP 02 将右侧耳后的头发编成三股辫备用。

STEP 03 采用同样的手法将右侧其他的头发也编成三股辫，然后用卡子固定在左侧发包塌陷处。

STEP 04 将其他的发辫以同样的方式进行固定。

STEP 05 将左侧的头发全部烫卷，摆出花纹状，然后戴上饰品，完成。

所用手法	风格特征
①拧包　②编三股辫	精致的玫瑰卷，飘逸的发丝搭配鲜花饰品，一股田园气息扑面而来。
造型重点	
这款造型的重点是后区的头发，头发的纹理要做到乱而有序，并注意留出一缕头发，增加造型的灵动性。	

①编三股单加辫 ②撕花
③编三股辫 ④卷发

造型重点
做这款造型的手法要自然、随意，
收尾要圆润而有弧度，层次和纹理
要清晰干净。

风格特征
田园风格的新娘造型注重的是自
然、清新的感觉，同时饰品的选择
也不要过于夸张。

STEP 01 将头发梳理光滑，分出刘海区，然后将刘海区的头发分成两层，接着将下面一层头发编成三股单加辫，并做成撕花造型。

STEP 02 将编好的发辫盘花，然后用卡子固定。

STEP 03 采用同样的手法将刘海区上面一层的头发编好。

STEP 04 将编好的发辫做成撕花造型，然后固定在右侧太阳穴的位置。

STEP 05 从左侧鬓发区的位置开始以三股单加的方式进行编发。

STEP 06 编至后脑勺处停止加发，采用三股辫的手法编至发尾。

STEP 07 将编好的发辫横向固定到右侧耳后的位置。

STEP 08 将左侧耳下方的头发编成三股辫，然后用卡子固定在右侧耳后的位置。

STEP 09 将颈部的头发全部按三股单加的方式编好，然后用卡子固定在右侧。

STEP 10 将右侧的头发全部烫卷，摆放好。

STEP 11 整理头发卷度，佩戴饰品，完成。

STEP 01 将所有头发向后梳理整齐，分发片，然后用电卷棒烫卷。

STEP 02 将顶区的头发扎成高马尾。

STEP 03 从右侧鬓发区开始，将头发拧起，固定在马尾边上。

STEP 04 将耳后的头发以同样的方式收起。

STEP 05 采用同样的手法将左侧的头发也全部收起，然后将整体造型调整成倒水滴状。

STEP 06 佩戴饰品，完成发型。

所用手法	风格特征
①卷发　②扎马尾　③拧发	用发丝做成的发卷从头顶缓缓而下，犹如一条美丽的鲜花瀑布，充满了田园风格。
造型重点	
马尾固定的位置是造型的重心，卷发后，根据发丝原有的弧度以拧发的手法分片向重心聚拢衔接，发丝要有层次，纹理要清晰干净。	

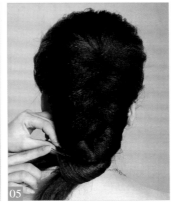
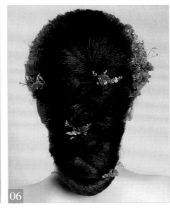

STEP 01 用玉米夹将头发全部夹成玉米穗，然后梳理干净，接着分出顶区的头发。

STEP 02 将顶区的头发做成一个韩式发包。

STEP 03 从左、右两侧分别取发片，交叉固定。

STEP 04 将左侧颈部的头发以内扣的方式收起并固定。

STEP 05 将右侧颈部的头发以同样的手法收起，注意隐藏发尾。

STEP 06 戴上饰品，点缀发型。

所用手法
①烫玉米穗 ②拧包 ③内扣

造型重点
在做这款造型时，一定要将头发夹成蓬松的玉米穗，同时还要注意整个造型的弧度，应保持圆润。

风格特征
高耸的发包、交叉对称的发片，以及穿插在这些发片之间的鲜花，显示出新娘清新脱俗的自然美。

鲜花新娘造型在影楼拍摄和新娘结婚当日应用得非常广泛，更是化妆造型师的大爱。那么，鲜花新娘造型需要注意什么呢？造型师首先要对鲜花有一定的了解，其次是要注意鲜花摆放的位置、大小比例的分配，以及鲜花和发型的配合度等。

第6章 | 鲜花新娘造型设计

STEP 01 分出刘海区的头发，然后将头发分成两片，接着采用三股单加的手法将下面的发片编完并固定。

STEP 02 将上面的发片以同样的手法编至发尾，用橡皮筋固定。

STEP 03 将两条发辫收起并固定，做出双层编发的刘海效果。

STEP 04 从左侧耳后的头发开始，以三股单加的方式（下加）编辫，将发辫做成反扣在头顶的效果。

STEP 05 从左侧开始将剩余的头发以同样的手法编辫，然后用卡子固定。

STEP 06 佩戴饰品，完成。

所用手法	风格特征
①编三股单加辫　②拧发	鲜花新娘造型能使新娘犹如花仙子一般，在梦幻的婚礼上将最美的一面展示给大家。
造型重点	
在做这款造型时，后区分配的发片要均等，发辫的粗细要适中。	

STEP 01 将头发梳理整齐，并分出刘海区的头发，然后将刘海区的头发编成三股单加辫。

STEP 02 将编好的发辫用卡子固定在耳后的位置。

STEP 03 从左侧耳上方开始，以三股单加的方式进行编发。

STEP 04 经过枕骨区将顶区的头发全部编到发辫中，然后固定在右侧耳后的位置。

STEP 05 将剩余的头发全部收起。

STEP 06 佩戴鲜花饰品，完成。

所用手法	风格特征
①烫玉米穗　②编三股单加辫	这款造型比较简单，但最终效果在鲜花饰品的映衬下依然显得非常美丽。
造型重点	
考虑到新娘是短发，这款造型不宜采用太复杂的手法，饰品要起到锦上添花的作用。	

STEP 01 分出刘海区的头发，然后以三股单加的手法编至发尾，用橡皮筋固定。

STEP 02 将编好的发辫用卡子固定在左侧耳下方的位置。

STEP 03 采用三股单加的方式，将右侧以外的头发全部编到发辫中。

STEP 04 将发辫的尾部向内翻转，然后用卡子固定在枕骨区的位置。

STEP 05 采用三股单加的手法，将右侧的头发全部编好，用橡皮筋固定。

STEP 06 将发辫的尾部向上收起，将其隐藏，然后用卡子固定。

STEP 07 将鲜花饰品戴在头顶和发辫上，点缀发型。

所用手法	风格特征
①编三股单加辫 ②烫玉米穗	精致的发辫、优美的纹理、若隐若现的鲜花饰品， 正如羞涩的少女对爱的憧憬和向往。
造型重点	
处理此发型时，发辫不能编得太紧，发辫与发辫之 间的衔接和过渡要流畅。	

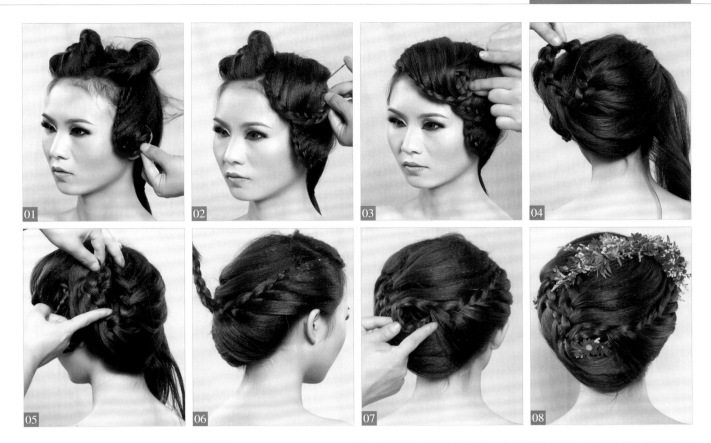

STEP 01 分出一个大的刘海区，然后将刘海区的头发分成三个均等的发片，接着将最左侧的发片编成三股添加辫，最后盘绕固定在耳朵上。

STEP 02 采用同样的手法将中间的发片编成发辫，盘绕后固定。

STEP 03 采用同样的手法将右侧的发片编成发辫，盘绕后固定。

STEP 04 采用三股单加的手法，从右侧开始将后区的头发全部编好。

STEP 05 将编好的发辫固定在左侧耳上方的位置，注意纹理要干净。

STEP 06 将右侧鬓发区的头发以三股单加的手法编至发尾，用橡皮筋固定。

STEP 07 将发尾收起，盘绕在不饱满的地方。

STEP 08 戴上鲜花饰品，完成。

所用手法	风格特征
①编三股单加辫 ②烫玉米穗	这是一款以鲜花为主题的韩式新娘造型，整体采用时下最流行的编发完成，将新娘的轻灵淡雅完美地诠释了出来。
造型重点	
这款造型的成功之处在于发辫的走向要准确，发辫与发辫的层次要清晰，发辫的粗细要适当。	

STEP 01 将头发梳理整齐，分出刘海区和后区，接着从左侧耳上方开始以三股单加的手法编发。

STEP 02 经过枕骨区编至右侧耳上方的位置，用卡子固定。

STEP 03 采用三股单加的手法，从右侧鬓发区开始编发。

STEP 04 编至耳后的位置时改用三股下加手法转弯，然后一直编到发尾。

STEP 05 将发辫尾部打卷，然后用卡子固定在左侧耳后方。

STEP 06 将刘海区头发以三股单加的方式编至发尾。

STEP 07 将发辫的尾部固定在后脑勺的位置。

STEP 08 戴上鲜花饰品，完成。

所用手法	风格特征
①编三股单加辫 ②烫玉米穗	个性雅致的圆环发辫盘绕在头顶的位置，在鲜花饰品的点缀下犹如一个美丽的花环，将新娘的淡雅之美展现得淋漓尽致。
造型重点	
在编发时，取发片要均匀，发辫转弯要自然，发辫之间的衔接要恰到好处。	

STEP 01 将所有头发的根部打毛，使其蓬松，然后全部向后梳理。

STEP 02 将左侧鬓发区的头发以内扣的方式固定在后脑勺上方。

STEP 03 将左侧耳后的头发以同样的方式固定好。

STEP 04 将左侧耳下方的头发以同样的方式固定好。

STEP 05 采用同样的方式分发片，将右侧的头发固定在后脑勺的位置。

STEP 06 将发尾全部收起，用卡子固定好。

STEP 07 用鲜花饰品点缀发型，完成。

所用手法	风格特征
①打毛 ②内扣	蓬松的发包、清晰的纹理，整个造型的弧度圆润自然、轮廓清晰，将新娘精致的五官衬托得更加美丽。
造型重点	
处理这款造型时，头发的纹理一定要清晰，碎发必须整理干净。	

STEP 01 将所有头发扎成马尾，固定在头顶。

STEP 02 在马尾中取2/3的头发，以鱼骨辫的手法编至发尾并固定。

STEP 03 将编好的发辫收起盘花，然后固定在额头的位置。

STEP 04 将马尾中剩下的头发全部烫卷。

STEP 05 将烫卷后的头发全部收起，固定在顶区塌陷处，使造型饱满。

STEP 06 将鲜花饰品戴在左侧额头和固定马尾的地方，完成发型。

所用手法	风格特征
①扎马尾　②编鱼骨辫	精致的卷发犹如朵朵绽放的玫瑰，优美的鱼骨辫盘绕在额头，侧面的百合花道出了美好的真谛。
造型重点	
处理这款造型时，马尾要固定在头顶的位置，以便于做造型，饰品的佩戴要起到很好的修饰作用。	

STEP 01 将头发全部往后梳理，然后从由右侧鬓发区开始以三股单加的手法进行编发。

STEP 02 编至后脑勺的位置停止编发，然后下卡子固定。

STEP 03 采用同样的手法从左侧鬓发区开始编发。

STEP 04 编至后脑勺的位置时，采用三股双加的手法将所有的头发全部编好。

STEP 05 将编好的发辫打圈，固定在后脑勺处。

STEP 06 佩戴饰品，发型完成。

所用手法	风格特征
①编三股单加辫　②编三股双加辫	在发辫的空隙中点缀的满天星和蝴蝶兰顺着发辫缓缓垂下，一种小清新的感觉扑面而来。
造型重点	
这款造型的重点是如何控制好发辫，手法的熟练程度是成功的关键。	

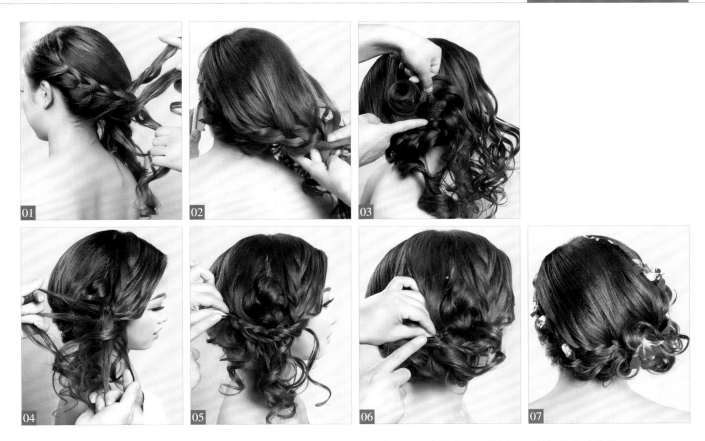

STEP 01 将所有头发向后梳理光滑，然后从左边鬓发区开始以三股单加的方式编发。

STEP 02 将后区的头发全部添加到发辫中，编至发尾，用橡皮筋固定。

STEP 03 将编好的发辫向上卷起，然后用卡子固定在后脑勺右侧的位置。

STEP 04 采用三股双加的手法将刘海区的头发编好。

STEP 05 在发辫上抽出发丝。

STEP 06 将剩下的头发按照卷度收起，摆出纹理。

STEP 07 在右侧头发的衔接位置和发辫上戴上鲜花饰品，完成造型。

所用手法	风格特征
①编三股单加辫　②编三股双加辫　③撕花	这款鲜花造型追求一种自然的感觉，萦绕的发丝如同鲜花的藤蔓，将新娘的淡雅之美表现得淋漓尽致。
造型重点	
在做这款造型的时候，发辫要编得松一些，然后做成撕花造型，营造一种随意自然的感觉。还要注意整体造型应偏向右侧。	

STEP 01 分出刘海区的头发，然后将剩下的头发扎成马尾。

STEP 02 将刘海区头发向外翻卷，用卡子固定在耳后方。

STEP 03 将马尾中的头发分片取出，然后以内扣的方式固定。

STEP 04 采用同样的手法将马尾左侧的头发摆出造型。

STEP 05 将马尾中间的头发向顶区方向固定。

STEP 06 调整纹理，使造型饱满。

STEP 07 在发卷中戴上鲜花饰品，完成。

所用手法	风格特征
①扎马尾 ②外翻卷 ③内扣	花朵永远是女人的朋友，用花语表达不好意思说的秘密，用鲜花为婚礼增添别样的趣味，欣赏大自然赋予的唯美。
造型重点	
处理此造型时，一定要将头发梳理光滑，最好做到丝丝分明。饰品要佩戴在空隙中，使造型饱满。	

STEP 01 将所有头发全部向后梳理，抓出纹理。

STEP 02 在右侧耳后取一个发片，然后顺着卷发的纹理固定在后脑勺上方。

STEP 03 在左侧耳后取一个发片，以同样的方式固定。

STEP 04 将右侧耳下方的头发以同样的方式固定。

STEP 05 将左侧耳下方的头发以同样的方式交错固定。

STEP 06 采用同样的手法，将剩下的头发顺着纹理交叉固定好。

STEP 07 佩戴饰品，完成发型。

所用手法	风格特征
①卷发 ②拧包 ③内扣	高耸的拧包和倒水滴形的轮廓是韩式造型的特点，而生动的发丝和点缀其间的鲜花又突出了清新而浪漫的风格。
造型重点	
将刘海烫卷，向后随意地抓出纹理并蓬松地做出发包，剩余头发分发片左右交叉固定。注意整个造型的弧度和圆润度。	

STEP 01 将刘海区的头发三七分开，然后将刘海区左侧的头发以三股单加的方式进行编发，将顶区的头发全部加到发辫中，编至发尾固定。

STEP 02 将后区剩余的头发也以三股单加的方式编好，注意留出一缕头发。

STEP 03 将编好的发辫从下面绕过之前的辫子，固定在右侧耳后方。

STEP 04 将右侧鬓发区的头发和之前留出的头发结合在一起，编一个松散的三股单加辫。

STEP 05 将编好的发辫藏在后脑勺位置，用卡子固定。

STEP 06 将第一条发辫的尾部用卡子固定好。

STEP 07 将花瓣放在发辫的空隙中，并在右侧耳后的位置戴上玫瑰花，完成发型。

所用手法	风格特征
①烫玉米穗　②三股单加辫	粉红色的玫瑰花瓣在这款造型中起到了画龙点睛的作用，将新娘通透的肤色和喜上眉梢的心情做了最好的诠释。
造型重点	
在做这款造型时要注意头发的分层，第一层的发辫要让顶区饱满，下面的发辫要松散而有型。	

STEP 01 将头发梳理整齐后全部扎成一个高马尾。

STEP 02 将扎好的马尾根部用尖尾梳打毛，使头发更加蓬松。

STEP 03 将马尾表面头发全部梳理光滑，做出斜向的刘海纹理。

STEP 04 在右侧头顶的位置戴上网纱和玫瑰花饰品，使造型饱满。

所用手法 ①扎马尾 ②打毛	风格特征
造型重点 这款造型的重点在于马尾固定的位置和头发的蓬松程度。	这是一款欧式风格的鲜花造型，干净、整洁、圆润的发包镶嵌着粉红色的玫瑰花，整体造型饱满自然，突出了新娘的高贵气质。

 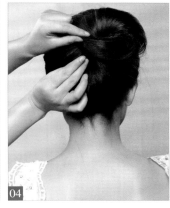 

STEP 01 将所有头发梳理整齐，然后将顶区的头发打毛，做成发包，接着将剩下的头发全部扎成马尾。

STEP 02 以花苞头的手法收起马尾。

STEP 03 将收起的头发固定在马尾下方。

STEP 04 将剩余杂乱的头发全部收起，然后用卡子固定好。

STEP 05 将百合花、玫瑰花和网纱饰品戴在头上，点缀发型。

所用手法	风格特征
①拧包　②扎马尾　③花苞头	这是一款韩式新娘经典鲜花造型，主要通过打毛、拧包、拧绳及手打卷等手法操作而成。
造型重点	
处理此造型时，发包弧度要圆润，将马尾的头发蓬松随意地摆出丸子头的造型，刘海区的发丝纹理要清晰。	

STEP 01 将头发梳理整齐，然后扎成前后错位的马尾。

STEP 02 将前面的马尾打毛，使其蓬松。

STEP 03 将马尾头发的表面梳理光滑，然后以逆时针的方向旋转并固定在左侧鬓发区的位置。

STEP 04 将后面的马尾也打毛，使其蓬松。

STEP 05 将后面马尾头发的表面梳理光滑，然后以顺时针的方向旋转并固定在刘海区的位置。

STEP 06 将百合花戴在后脑勺的位置，完成。

所用手法	风格特征
①扎马尾　②打毛	这是一款具有欧式韵味的鲜花造型，手法简洁，造型时尚大气，鲜花饰品的使用受到了更多年轻人的喜欢。
造型重点	
这款造型的关键是马尾固定的位置，发丝相互之间的衔接一定要到位。	

STEP 01 将头发梳理整齐，然后中分。

STEP 02 将右侧的头发从刘海区开始以三股双加的方式进行编发。

STEP 03 将左侧的头发以同样的手法进行编发。

STEP 04 将编好的发辫交叉，收在后脑勺的位置。

STEP 05 将枕骨区的头发分成四个发片，然后将左侧的发片以内扣的方式固定。

STEP 06 采用同样的方式将右侧的发片也固定好。

STEP 07 将剩下的两个发片以同样的方式固定即可。

STEP 08 在头发衔接的位置戴上饰品，完成发型。

所用手法
①烫玉米穗 ②编三股双加辫

造型重点
做这款造型时要注意通过发辫的走向控制整体造型的轮廓，后区的头发要做出层次和纹理。

风格特征
整体造型饱满、唯美，右侧耳后若隐若现的百合花更为新娘增添了一种朦胧美。

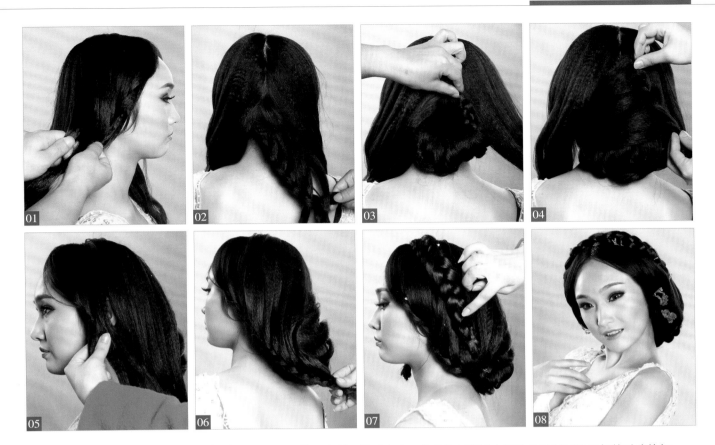

STEP 01 将头发向后梳理光滑，然后中分，接着将刘海区右侧的头发以三股双加的手法编好。

STEP 02 将后脑勺位置的头发以同样的手法编好。

STEP 03 将编好的发辫收起，用卡子固定在后脑勺的位置。

STEP 04 将右侧刘海区的发辫固定到左侧的位置，包住后脑勺的发辫，然后将右侧刘海区发辫的纹理整理好。

STEP 05 采用三股单加的手法从左侧刘海区开始一直编到发尾。

STEP 06 将编好的发辫用卡子固定在后脑勺位置。

STEP 07 选择一条假发辫，固定在头顶即可。

STEP 08 戴上鲜花饰品，完成。

所用手法	风格特征
①编三股双加辫 ②编三股单加辫 ③真假发结合	这是一款具有复古风味的韩式新娘鲜花造型，饱满的轮廓，经典的发辫，代表爱情的鲜花，都表现出新娘别样的美。
造型重点	
这款造型的重点是真假发的结合要自然，整体造型要饱满。	

STEP 01 将头发向后梳理整齐并中分，然后从左侧鬓发区开始，以渔网辫的方式开始编发。

STEP 02 编至顶区位置时停止编发，然后用卡子固定。

STEP 03 采用同样的手法依次取发片，将头发以渔网辫的形式编好，然后用卡子固定。

STEP 04 将剩余的头发以三股单加的手法编至发尾，然后将发辫固定在右侧耳后的位置。

STEP 05 将右侧刘海区的头发以三股双加的手法编至发尾并固定。

STEP 06 戴上鲜花饰品，完成发型。

所用手法	风格特征
①编渔网辫　②三股单加辫　③三股双加辫	这款鲜花造型清新、雅致，粉红的玫瑰，淡黄色的满天星搭配紫色的小花，营造出一种繁花似锦的效果，预示着新娘未来的幸福与美满。
造型重点	
做这款造型的重点是要保持头发的蓬松感，整头发丝编成渔网辫，在收尾时要保持发型的圆润度。